NF文庫
ノンフィクション

日本海軍魚雷艇全史

列強に挑んだ高速艇の技術と戦歴

今村好信

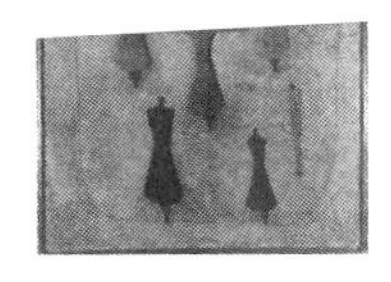

潮書房光人新社

はじめに

第二次世界大戦が終わってから、すでに半世紀が経過しました。戦争に関する多くの書籍が発行されてきましたし、現在もなお多数の図書が発刊されています。

しかし、私が本書で述べようとする日本の魚雷艇に関する図書は、断片的で数えるほどしかありません。魚雷艇と共に戦った兵士の行動記録や魚雷艇の建造に命を捧げた人たちの記録をまとめた図書は、残念ながら見当たりません。

日本海軍魚雷艇について総括的な記述を後世に残すことが、戦時中、海軍に籍を置き、魚雷艇のエンジン製作に関係した筆者の責務であると感ずるようになり、拙い筆を執ったしだいです。

さて「魚雷艇」とは何だろうと訊ねると、「水雷艇」「いや潜水艦の一種」「人間魚雷ではないか」と、自信のない答えが返ってきますが、ほとんどの人は魚雷艇の何たるかをまったく知らないのが現実です。

魚雷艇について述べる前に、旧日本海軍の艦船の種類に触れておきましょう。

旧海軍の艦船は「艦艇」と「特務艦」と「特務艇」に分類されます。

艦艇は――

軍艦（戦艦、巡洋艦〈一、二等〉、航空母艦、水上機母艦、潜水母艦、敷設艦、砲艦、練習戦艦、練習巡洋艦）、駆逐艦（一、二等）、海防艦、潜水艦（一、二等）、水雷艇、掃海艇、駆潜艇

特務艦は――

工作艦、運送艦等

特務艇は――

敷設艇、哨戒艇、駆潜特務艇等々

そして、「特務艇」の末尾に「魚雷艇」が位置づけられていました。魚雷艇は予算項目上は雑艇として取り扱われた小舟艇なのです。

水雷艇は魚雷艇とよく似た名称ですが、日露戦争時代に活躍した由緒ある艦艇です。

昭和に入ってロンドン条約（昭和五年）の制限外艦艇（六〇〇トン以下）として計

画されたのが新しい水雷艇で、日露戦争時代のものよりさらに大型化しています。小型軽量で駆逐艦並の武装と速力を目標として計画された千鳥(ちどり)型水雷艇が代表的かつ有名です。

昭和十七年十二月四日付の朝日新聞に、ルンガ沖夜戦（昭和十七年十一月十一日～）における第二水雷戦隊（司令官・田中頼三少将）の戦果が、一面大見出しで報道されていますが、水雷戦隊は、日米海戦で勇猛果敢な活躍をした駆逐艦の戦隊で、「水雷艇」や「魚雷艇」の戦隊ではありません。

駆逐艦、水雷艇、魚雷艇、潜水艦は、排水量、速力、兵装等それぞれ異なりますが、魚雷を装備し敵艦を攻撃する点では同じ役目をする艦艇です。

魚雷について付言しますと、

「頭部に爆薬（三〇〇～四〇〇キロの炸薬）を充塡、圧縮空気を動力源としてスクリューを回転させ、その推力により方向指示装置（ジャイロスコープ）に従って海中を潜航自走し、命中した敵艦を爆破する魚形をした攻撃兵器」

が「魚形水雷」、略して魚雷（Torpedo）と呼ばれています。

魚雷開発の歴史を辿ると、一七七五年にアメリカの技術者デイヴィッド・ブッシュネル（David Bushnell）が、魚雷の祖先ともいえる水雷兵器（潜水艦で敵艦の艦底にしかける爆薬缶）を考案し、「トルピード」と名付けました。（Bryan Cooper "The Battle of the Torpedo Boats"）トルピードは「しびれエイ」という魚の名前で、近寄った魚類に高電圧放電をかけ、痺れさせ餌食にしてしまう怪魚です。この水雷兵器を「しびれエイ」と名付けた発明者のユーモアに敬意を表したいものです。

魚雷が、実戦に使われるまでには、なお多くの時間を必要としました。英国人技師ロバート・ホワイトヘッド（Robert Whitehead）による圧縮空気駆動やプロペラ推進などの技術革新により、六ノットの自走式魚雷が開発されました（一八七七年）。英国をはじめ各国海軍が、魚雷の採用を開始し、その性能はさらに進歩しました。

高速力（四〇ノット）で秘かに敵艦艇に近づき、舷側に抱えた魚雷を発射攻撃し、さらに甲板に装備した機銃等の火器から輸送船や陸上部隊などを襲撃し、戦闘海域からいち早く離脱、さらには海中に潜む潜水艦に対して装備した爆雷を投下し爆沈させる高速小型舟艇が、魚雷艇と呼ばれた舟艇なのです。船の大きさは国により異なりますが、船長二〇メートル前後、排水量二〇～四〇トン程度の木造船です。ただし、ドイツだけは荒海を航行するため鋼鉄船で九〇トン級と英米伊日の魚雷艇に較べ大型でした。

米国ではモーター・トルピード・ボート（Moter Torpedo Boat）、略して「トルピード」とも称しました。この米魚雷艇に、日本軍はソロモン諸島海域からフィリピン海域で、散々痛めつけられたのです。

日本海軍は魚雷艇を戦略上まったく重要視していなかったために、米国魚雷艇の活躍に狼狽し、ただちに魚雷艇の生産計画を関係部署に指示しました。

魚雷艇が完成し戦列に参加した時には、すでに海域の制空権を失い、魚雷艇本来の活躍を制限されました。特筆される戦果を上げることなく終戦を迎え、従って国民が魚雷艇について、まったく知らなかったのも当然です。

当時、海軍技術科士官の筆者すら、魚雷艇に乗船したことはもちろん、見たことすらなかったのです。

その筆者が何故魚雷艇の本の執筆を思い立ったのか、その動機と経過について以下に記述しましょう。

本文において詳しく述べますが、学友・伊藤高（たかし）技術中尉が、昭和十八年八月末、任官後半年の若さで、魚雷艇工事遅延の責任をとり、古武士のごとく見事に自決されました。

昭和二十年一月には、魚雷艇エンジン取りまとめ事業所の三菱重工川崎機器製作所長・池上重徳氏が、激務を重ねられ遂に工場内で倒れ、殉職されました。

筆者は身近に起きた魚雷艇に関わる悲しい事件を胸に秘めたまま、戦後多忙な日々を過ごしてきました。

ところが、三年ほど前に、同郷の先輩井原高一氏（平成十三年春、逝去）が郷里の文化時報に「魚雷艇隊員の体験記」として投稿された記事を偶然にも読んだことから筆者と井原氏の交際が始まりました。氏の属した第二五魚雷艇隊の戦争体験記「ゆみはり集」を拝読し、実戦部隊のご苦労や魚雷艇の戦地における活動状況を詳しく知ることができました。

平成十一年秋、ワシントン郊外の米国海軍ネイビーヤード（旧海軍工廠）を訪ね、海軍博物館内に展示されている米国魚雷艇ＰＴ１０９（若き日のケネディー大統領が艇長）の三分の一模型と説明文を見て、長年抱いていた「魚雷艇」への想いが、帰途の飛行機上で大きく膨らんできました。

敗戦後、海軍はすべての資料を焼却していたため、資料収集に苦労をしましたが、多くの方々のご厚意とご指導により文献を集め、関係者に面接または文書で教えを請い、これらの資料をまとめ、ようやく一冊の本を上梓することが出来ました。

不出来な図書でありますが、筆者が意図しているところを、ご理解いただければ望外の幸せです。また、短い海軍勤務のため、知識も不十分であり、用語や記述に誤りがあることを懼れております。

よろしくご叱声、ご教示戴きたくお願いいたします。

著　者

日本海軍魚雷艇全史——目次

写真提供／岩下登・著者・雑誌「丸」編集部
U. S. Navy・National Archives
艦型図作成／石橋孝夫
地図作成／佐藤輝宣

昭和16年10月、東京湾鶴見沖で公試中の第２号魚雷艇。日本海軍が太平洋戦争前、初めて建造した実用型魚雷艇T－１型の２番艇である。94式900馬力水冷航空エンジン２基を搭載して38ノット以上を発揮し、日本海軍で最も成功した魚雷艇といわれている。

横浜ヨット工作所鶴見工場で建造中のT－１型の１番艇、第１号魚雷艇。T－１型は１隻だけ建造された試験艇T－０型と英伊の魚雷艇との比較研究の成果を取り入れて設計されていた。

昭和19年6月11日、犬吠埼沖で公試中の第14号魚雷艇。T－1に続いて建造されたT－51b型で、独Sボートを模して大型化した船体は沿海用T－1の4倍の80トン級となった。71号6型エンジンや船体に不具合が多く速力は29ノットにとどまった。

公試中の第17号魚雷艇。T－51b型の1隻で昭和19年10月頃、建造所の横浜ヨット銚子工場があった利根川で撮影されたもの。大型艇（甲型）の建造は本艇を最後に中止された。

昭和18年８月、佐世保港内のT－23型（第401号魚雷艇）。昭和17年に南方島嶼戦での必要などから小型魚雷艇（乙型）の急速増産が決定されたが、日本に適当な舶用エンジンがなく遊休航空エンジンを搭載した。本型もそのひとつで速力は17ノット。

遊休航空エンジンを利用した戦時量産艇のT－36型（第449号魚雷艇）。本型は寿３型空冷エンジン２基を搭載、速力21.5ノット。型式も馬力も異なる10種に余るエンジンを積んだ各種の艇が建造されたが、ほとんどが満足すべき性能を示せなかった。

銚子港外を航行中のT－38型魚雷艇（左、上）。航空用の金星41型空冷星型エンジン２基を搭載、速力27.5ノット。他の各型と同様、45センチ魚雷２本と落射機を搭載したほか、写真の艇では13ミリ単装機銃１基を装備している。

昭和19年６月17日に撮影された横浜ヨット工作所銚子工場のT－38型魚雷艇群。後部甲板上にある魚雷落射機や爆雷投下軌条の詳細がわかる。各艇のブリッジ後方の両舷に立つ煙突状の構造物は、搭載する空冷エンジン用の大型給気トランクである。

昭和20年2月頃、舞鶴でテスト中のT－38型魚雷艇のブリッジ。中央に立つ担当の技術科士官は、厳冬期の舞鶴湾での航行に備えて帽子、ゴーグル、外套に身をかためている。

九州沿岸で空襲を受ける日本軍魚雷艇。大戦末期、制空権が連合軍の手に握られると、各地に配備された魚雷艇隊はその多くが出撃前になすすべもなく破壊されていった。写真はT－14型。

日本海軍魚雷艇の最後のタイプとなったT－14型（第879号魚雷艇）。排水量15トンながら魚雷艇専用に開発された71号6型ガソリンエンジンを搭載、33ノットを発揮した実用性の高い艇だった。甲板の低い部分に魚雷を搭載した。写真は終戦後の姿。

昭和20年２月頃、舞鶴湾でテスト中の乙型魚雷艇。両舷の落射機に45センチ魚雷、ブリッジ後方に13ミリ単装機銃が見える。艇尾スロープ部に爆雷を搭載できた。当時、舞鶴工廠勤務の岩下登元技術大尉が付したメモにT－50型とあるが、T－14型か。

上の写真と同じ頃、舞鶴湾でテスト中の乙型魚雷艇。高速航行中の姿で、速力は30ノット前後だろうか。当時、舞鶴工廠の魚雷艇建造工場は西舞鶴にあった。

日本海軍は米PTボートに対抗するため魚雷の代わりに機銃を増備した艇を「隼艇」と称して配備した。写真はその最後のタイプとなったディーゼルエンジン装備のH-61型の第232号隼艇で、ブリッジ前方両舷に25ミリ機銃座が見える。終戦後の撮影。

昭和19年7月末、利根川で試験中の特攻艇「震洋」1型改1。太平洋戦争末期には、エンジン製造等に多くの資材と労力を要する魚雷艇の建造は中止され、より簡便な「震洋」の建造が優先された。魚雷艇は特攻艇隊の指揮艇として使用されるようになっていった。

日本海軍魚雷艇全史

列強に挑んだ高速艇の技術と戦歴

第 1 部

日本海軍
魚雷艇建造史

ソロモン海域でのアメリカ魚雷艇群の目覚ましい活躍に刺激され、日本海軍は遅まきながら艇の試作を急ぎ、建造計画を推進した。建造に拍車がかかったのは、昭和十八年以降である。

後述するように魚雷艇の建造は遅々として進まず、かつその性能は米艇に比べ著しく劣っていた。日本海軍は、仮想敵国米海軍との太平洋上決戦を主要戦略として「大艦巨砲主義」に徹し、小型攻撃用舟艇・魚雷艇戦略の検討を疎かにしたことが、原因であった。

また、舶用(はくよう)エンジンの準備がなく、多種多様の航空エンジンを採用した欠陥舟艇を急造せざるを得ない状態が続いた。

ようやく魚雷艇用ガソリンエンジンが完成し、高性能魚雷艇が就役した時は、すでに制空権は米国の手中にあり、魚雷艇の活躍は大きく制限されることになった。

昭和二十年に入ると、戦局は本土防衛に移り、さらに資源の欠乏と作業者不足のため、魚雷艇の建造は中止のやむなきに到った。

日本海軍悲劇の魚雷艇について、その沿革に遡り敗戦に至る歴史を辿る時、方針決定の根本的誤りがいかに致命的な結末を招くかを知ることが出来る。

第1章　魚雷艇開発の契機

I　ソロモンの米魚雷艇

ガ島戦の敗因

昭和十六年（一九四一年）十二月八日（米国時間十二月七日）、山本五十六海軍大将指揮下の連合艦隊航空部隊がハワイの米海軍基地・パールハーバー他を急襲、米太平洋艦隊に致命的な打撃を与えた。かくして日米戦争が始まった。

以後日本軍は、東南アジア各地域のヨーロッパ植民地やフィリピン、南太平洋、西南太平洋諸島の戦略的拠点を次々と占領した。

しかし、昭和十七年六月五日（米国時間四日）、ミッドウェー海戦において、日本海軍は開戦以来最初の打撃を受け敗北を喫した。

その二ヵ月後の八月六日、日本海軍が飛行場建設中のガダルカナル島に突如米海兵隊が上陸、反攻作戦を開始した。以後太平洋の戦局は一転して、日米攻守所を変えることになった。

ガ島の敗因は、緒戦における勢力判断の甘さと米軍に比べ極端な情報力の不足により、緒戦の段階で米軍を撃破する機会を失い、米軍航空兵力の跳梁下で戦わざるを得ない羽目に陥ったことであった。

上陸兵士に対する兵器弾薬や食糧輸送が、敵の航空機、潜水艦、そして魚雷艇群により阻止され、極端な食糧欠乏による兵力消耗もまた敗因として挙げねばなるまい。

米国魚雷艇は、四〇ノットの高速で航走、突如として島陰より現われ魚雷を発射、近距離では機銃攻撃をしかけ、煙幕を張り素早く遁走した。日本海軍の水雷戦隊が得意とした夜戦においても、装備したレーダーで艦艇を探知し、不意に攻撃をしかけて遁走するため、日本海軍にとって手に負えぬ厄介な舟艇であった。

部隊や物資を運ぶ輸送船団は、七～八ノットの低速でガ島に接近するため、護衛す

日本軍のガ島輸送作戦は、しばしば米魚雷艇隊の待ち伏せ攻撃に阻止された——写真は当時の代表的な米魚雷艇エルコ80フィート型で、手前はPT105。1942年の撮影。

る駆逐艦や巡洋艦も低速行動を取らざるを得ない。そのため護衛艦隊は、昼間は航空機の、夜間は潜水艦や魚雷艇の手頃な餌食となった。

戦況の経過と共に輸送方式は、駆逐艦、潜水艦等の高速艦艇による夜間の隠密輸送に切り替えざるを得なかった。「鼠上陸」または「鼠輸送」と称したこの輸送方式を、米軍は「東京急行」（Tokyo-Express）と呼んだ。

米魚雷艇隊は、鼠を捕る猫のように「東京急行」を待ち伏せ攻撃したのである。

その後は戦局の進展と共に、鼠輸送さえ困難となった。物資を詰めた缶を数珠繋ぎにして駆逐艦より放出、小舟艇を降ろし、缶を繋いだ綱を上陸部隊に渡し、陸から海上に浮かぶ缶を手繰り寄せるという輸送方法に切り替えられた。

撤収のための最後の食糧輸送の時には、潜水艦から食糧を入れたゴム袋を、潜航状態のまま発射管から射出する方法に頼らなければならないほど困難を極めた。

以上のような姑息な輸送手段では、兵器弾薬や二万人の大軍を養う食糧の補給もまったく不可能であり、上陸兵士は次第に餓死へと追いやられていった。

ガ島上陸部隊への物資輸送を妨害する米魚雷艇部隊との戦いがいかに行なわれたか、「平井日誌」*は次のように述べている。

*註：駆逐艦「敷波（しきなみ）」乗り組み士官平井正之氏が作戦中に記録した日記（中野義明著「わが内なる駆逐艦」より）

九月二十一日（平井日記）

七〇隻の駆逐艦休養の暇なく、灼熱の赤道の南にて、出撃せば米機、ガ島に近接せば敵潜水艦・魚雷艇・敵艦隊がムンダ飛行場周辺に待ち受けている中、我が駆逐艦は隠密作戦なり。

「敷波」は駆逐艦「潮(うしお)」「夕立(ゆうだち)」「漣(さざなみ)」と共に、九月二十日、ガ島への物資輸送作戦に参加している。

昭和十七年九月ガダルカナル戦の緒戦、日米激突の最中に、ニューカレドニア島ヌーメアに南太平洋海域最初の米魚雷艇積み卸し基地が設置された。この時すでに、米海軍はガダルカナル戦の勝利を見据えた周到な魚雷艇戦略を決定していたと推定される。

米魚雷艇出現

魚雷艇が「戦藻録*」に登場するのは、サボ島沖海戦（十月十一日）以降である。十月十四日の日記に、「昨夜三戦隊の砲撃時、敵の魚雷艇六隻ツラギ方面より来襲一隻発射せるも之を撃退せるの報に接し今夜進入飛行場砲撃予定の鳥海（八艦隊旗艦）及び衣笠その他に警報す」と記されている。

この時期には、魚雷艇の出現をそれほど深刻に受け止めていなかったものと思われる。

*註：終戦の日に特攻死した宇垣纏中将の日記。ガ島戦当時は連合艦隊参謀長を務めていた。

十月二十九日、タサファロング輸送の駆逐艦「時雨（しぐれ）」「有明（ありあけ）」は、敵航空機三機と魚雷艇六隻の攻撃を受けたが、被害はなかった。

十一月八日、タサファロングへの輸送隊を警戒中、駆逐艦「照月」は、魚雷艇三隻と交戦、魚雷一本が命中したが、不発であった。

第三次ソロモン海戦（十一月十四日）の夜戦について、「戦藻録」は以下のように記述している。

霧島は米戦艦（ノースカロライナ型外一隻）計二隻と交戦、艦内大破艦尾に魚雷命中、操舵不能浸水増加す。一時は最微速にてカミンボに向はんとせるが機関員九割戦死、機械使用見込み立たず、乗員を駆逐艦に移乗せしむ「霧島の処理は前進部隊指揮官に一任す」と発電。

この夜戦に参戦した平井正之は、「敷波」から望見した「霧島」沈没の状況を、「サボ島右一五度五千に大山の如き黒影発見、敵大型艦右一五度五千砲撃用意。そは我が戦艦霧島なりき、米魚雷艇に襲撃され、魚雷命中浸水甚だし。〇一〇七*霧島傾斜、浸水、艦首直立、沈没、大爆発す。海上火這う。大轟沈。二千余名の乗組員如何ならん」と述べている。魚雷艇により最初の犠牲となった戦艦である。
＊註：海軍式時刻表示で午前一時七分を示す。以降同じ。

鼠を狩る猫

十一月二十五日（「戦藻録」より）
昨夜潜水艦に依る食糧その他のガ島輸送は、初日なりし処伊一九潜はタサハロング方面敵の警戒あるに鑑み取り止め、又一七潜は沖合三〇浬敵魚雷艇を発見、潜航退避の後一七三〇カミンボ沖に進入せるが陸上燈火の隠滅するを認めたる外、大発来たらず遂に揚陸の目的を果たさず去れり。

十二月八日（「戦藻録」より）
ガ島に対する昨夜駆逐艦の輸送、敵機の攻撃ありて七隻進撃せるが、ガ島付近にて魚雷艇の妨害を受け更に進入せるに魚雷艇及び敵機の攻撃を蒙り、引っ返すの已むなきに至り、樽運び輸送も亦望みなきに陥る。

この時のドラム缶輸送について、「日本水雷戦史」（木俣滋郎著、日本図書出版）は次のように述べている。

ドラム缶輸送は合計六回決行された。三回目は一一隻で十二月七日決行される。田中少将は部下の第一五駆逐隊司令に今回の指揮をゆだねた。日没直後まだ二〇〇浬も下がらねばならぬ位置で、敵艦爆一三機の攻撃を受け、第一〇水戦の「野分」が右舷機械室に浸水、引き返す。

だが九時半頃部隊は米魚雷艇PT43、48、59、44、36、37、109号に、サボ島南西で襲われる。PT109は、後の海戦で「天霧」と衝突破断、艇長（若き日のケネディー中尉）は辛うじて生命をとりとめた艇である。彼等はM2型一二・七ミリ機関銃（二基装備）を打ちつつ肉迫してきた。「親潮」は彼等の機銃掃射により、死者二人負傷者八人を出した。

彼等の魚雷は危うく日本駆逐艦をかすめる。せっかくガ島の目前に行ったけれど、このままドラム缶を投下しても敵魚雷艇の機銃に打たれ沈んでしまう。第一、小発を下ろしロープを浜辺まで引っ張る作業が妨害を受けて不可能だ。かくて第三回のドラム缶輸送は中止された。

敵艦隊との決戦に使用さるべき駆逐艦が、単に輸送船として用いられ沈没損傷する様は、誠に痛ましい限りである。

生意気なる「モス」

十二月十日（「戦藻録」より）

昨夜ガ島カミンボに入れる伊三潜水艦大発卸下の為、浮上せる際敵魚雷艇二隻の攻撃を受け艦尾に命中その後消息なし。敵は既に潜水艦輸送を察知せり。水中輸送も茲に大なる困難に逢着し、あとは発射管よりゴム袋に入れたる物量を潜航中発射するか、或いは又飛行機に依る物量投下以外策無きに至る。ガ島所在二万五千の救出以外策無きに至る。

十二月十二日

昨夜ガ島に対する輸送は天候良好ならざりしが、敵機の攻撃も損害なく進入せるが、敵魚雷艇数隻の為照月魚雷命中行動不能に陥り、（魚雷艇は二隻撃沈、一隻小破*）……（中略）……先ず此にて当分の糧道を維持する望つきたり。難き哉。生意気なる「モス」（モスキトーは魚雷艇の米国愛称）復讐の途を講ずべき也。

＊引用者註：米国資料によれば、十二月十二日にPT44が砲戦沈没となっている。

「日本水雷戦史」はこの第四回目のドラム缶輸送について以下のように述べている。

田中少将率いる第二水戦の司令艦「照月」以下一一隻の駆逐艦は、ドラム缶を積んだ六隻と敵艦を警戒する五隻に別れ、十二月十一日の昼一時半、ショウトランドを出た。九時間一五分後、警戒隊の「江風」、「涼風」がサボ島の南で米魚雷艇PT37、40と交戦した。「照月」は「江風」や「涼風」より内側で見張っていたが、ガ島エスペランス岬の北方三キロの地点で左舷後部に突然魚雷二本が命中した。舵と左舷の主機が使用不能になったのみでなく、船体下方の重油タンクに引火し、大火災が起こる。田中少将は「照月」を捨て「長波」に移る。この間

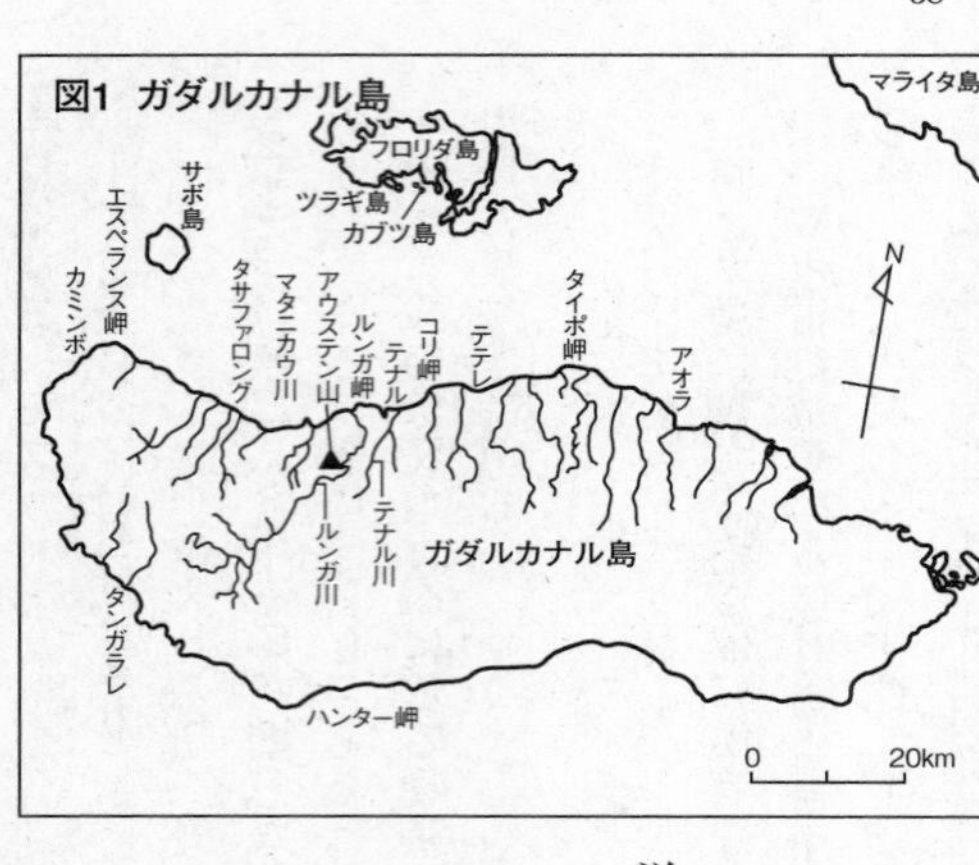

輸送隊は泊地に進入。ドラム缶一二〇〇個を投入、ロープを岸へ渡す小発を残しつつ後をも見ずに逃げ出した。

後に陸軍が揚陸したドラム缶は、投下量の六分の一余の二二〇個に過ぎなかった。

米軍がガ島に上陸した昭和十七年八月以後、十二月末までに運行された東京急行は四六回。ドラム缶輸送は四回決行されたが、期待した成果は得られなかった。

II　ガ島撤収「ケ号作戦」

最後のドラム缶輸送

ガ島の戦局悪化は日毎に激しくなり、大本営内部でガ島撤収作戦の激論が交わされた結果、十二月三十日、大本営は、これ以上の出血を避けるためガ島撤退を決定した。

一月四日に現地部隊に対し、捲土重来を期した「ケ号作戦」を示令した。

撤退するにしても一万人以上の餓死に瀕した兵士たちに食糧を届けなければならない。年が明けて一月二日と一月十日に第五、六回目のドラム缶輸送が実行された。

一月二日の輸送は、田中少将後任の小柳富次少将の指揮下で行なわれた。駆逐艦一

○隻（内五隻は輸送隊、他の五隻が魚雷艇狩りの警戒隊）が南下中、米魚雷艇一一隻がエスペランス岬で夜戦を挑んできた。

幸い発射された魚雷一八本は一本も命中しなかった。ドラム缶五四○本、ゴム袋二五○個が投入された。五日分の食糧と弾薬が陸揚げされ、第五回の輸送は成功した。

一月十日、第六回目の輸送が行なわれた。今までの戦訓から、九三式一三ミリ機銃二基と射手を共にラバウル航空隊より借り各駆逐艦に配備した。肉迫機銃攻撃をしかけてくる米魚雷艇に対し反撃するためである。

南下中の小柳少将率いる八隻の水雷戦隊をいち早く発見したオーストラリア監視員の通報により、米魚雷艇隊PT45、39、48、115、112、43、40、59、46、36は、四隊に分かれ待ち伏せ攻撃を仕掛けてきた。

駆逐艦、魚雷艇入り乱れての接近戦に一三ミリ機銃掃射は威力を発揮し、PT43を撃破、船体を放棄させた。PT112は船体と機関室に被弾沈没、一一人の乗組員は辛うじて退避した。米魚雷艇二隻を一度に撃破したのは珍しいことであった。*

警戒隊の「初風」は士官室下舷に魚雷一本を見舞われたが、脱出に成功した。今回は、ドラム缶二五○個（二隻ぶん）、味噌、医薬品、弾薬など三○トンの揚陸に成功した。

＊註：米資料によれば、ＰＴ43、ＰＴ112は砲戦により、それぞれ一月十日と一月十一日に戦没と記されている。

一万人の撤退

十七日夜半、第八方面軍参謀から撤退の命令が伝えられ、翌十八日、軍司令官より、「各師団はカミンボ付近に集合」の秘密命令が前線の各師団長に伝えられた。

第一線部隊の撤収は極秘裏のうちに一月二十三日より開始され、順次エスペランス岬の海岸に集結した。

敵機の攻撃と魚雷艇の攻撃を退け、エスペランス岬に到着した第三水雷戦隊と第一〇戦隊所属の駆逐艦二九隻に、一万六五五人の将兵が二月一日から七日にわたり隠密裏に収容され、ブーゲンビル島に向かった。

最後の部隊が撤収を完了したのは二月七日、「ケ号作戦」は米軍に気付かれることなく、成功裏に完了した。

六ヵ月にわたるガ島戦における米国損害は、艦船二四隻、一二万六二四〇トン、戦死一五九八人、戦傷四七〇九人に対し、日本側は、艦船二四隻、一三万四八三九トン、航空機八九三機、その搭乗員二三六二人。さらに陸軍が投入した兵力三万三六〇〇人のうち、米軍死傷者の三倍以上の約一万九二〇〇人の損害を出した。

その内訳は、戦死者約八二〇〇人、戦病死者約一万一〇〇〇人。戦病死者のほとんどは、補給不足による体力の消耗からくる栄養失調、下痢、熱帯性マラリアによるものであった。

二月九日、エスペランス岬に日本兵がいないことを確認したパッチ少将は、ハルゼー大将に完全勝利を報告した。

米軍の進攻

日本海軍がまったく予期していなかった米国魚雷艇群の出現と傍若無人の活躍に、第一線兵士たちは切歯扼腕した。「戦場に魚雷艇を」という悲痛な叫びが、不利な戦況の報せと共に軍令部に伝えられた。

ガダルカナルを制し制空権を確保した米海軍は、ガダルカナル北西三二〇キロにある中部ソロモン諸島ニュージョージア島の日本海軍ムンダ飛行場の奪取を目指した。

ガ島における作戦が終了すると、ロバート・B・ケーリー司令率いる第九魚雷艇隊を含む四艇隊が、中部ソロモン諸島の日本軍攻撃と東京急行阻止のため、レンドバ島基地に移動した。

日本軍の東京急行攻撃作戦中、ケネディー中尉（後の米国大統領）の魚雷艇ＰＴ１０９は、駆逐艦「天霧」に衝突切断された。幸運にも爆発火災を免れ、浮遊する艇にすがって辛うじて無人島に泳ぎ着き、戦死者二名を除く艇員は生命をとりとめた。戦後、この島はケネディー島と名付けられたというエピソードが残されている。

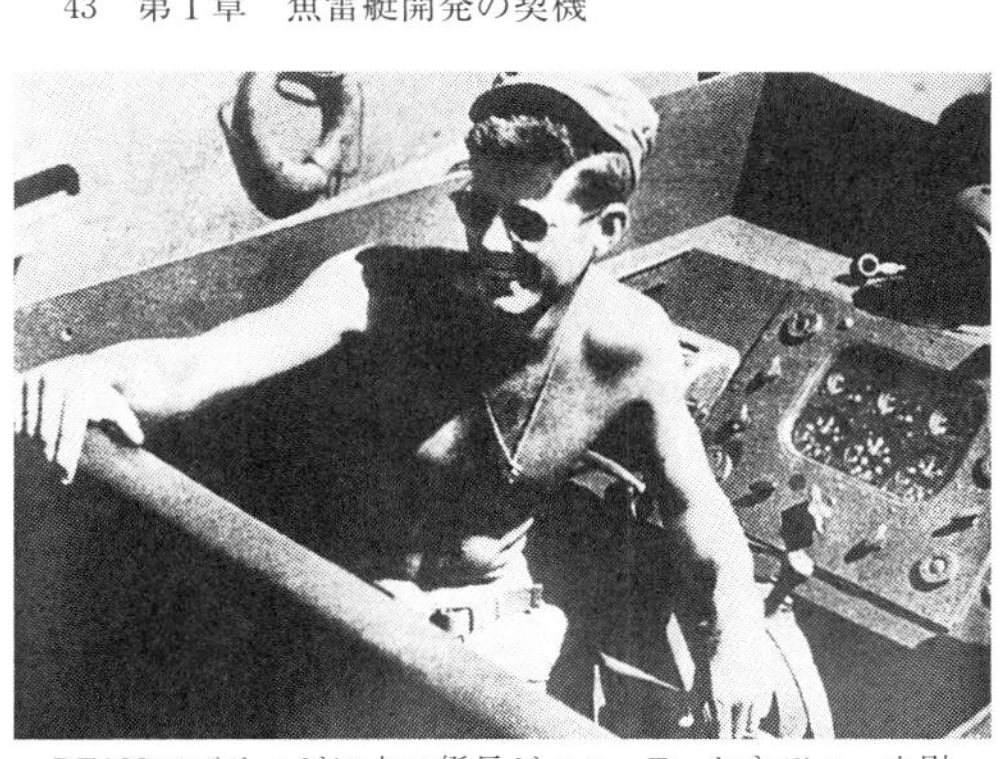

PT109のブリッジに立つ艇長ジョン・F・ケネディー中尉（のちの米大統領）。「天霧」はこのブリッジ直後に衝突した。

その後、ムンダ、コロンバンガラの航空基地を制し、中部ソロモン諸島を攻略した米軍は、日本軍の要衝ラバウルを飛び越え、南西太平洋のニューギニア、フィリピン海域へと侵攻した。米魚雷艇の攻撃目標は、戦場の変化に対応して、日本軍占拠地域諸島と艦船攻撃に移行した。

日本海軍の第二五魚雷艇隊がフィリピン海域に到着したのは、ガ島撤退後一年五ヵ月が経過した頃であった。

第２章　魚雷艇建造の歴史

Ⅰ　模索の時代

研究の始まり

日本海軍は、第一次世界大戦における魚雷艇の活躍に刺激され、駐在武官の情報等をもとに、大正十一年頃、イギリス「ソーニクロフト」社よりイギリス海軍魚雷艇ＣＭＢ55型二隻を、ドイツ「エルツ」社よりＬＭ２７型一六・五メートル艇一隻等を購入した。

これらの艇や海外から収集した情報を基に、魚雷艇の基礎的研究に着手したが、太平洋戦略の舟艇としては余りにも小型過ぎるとして、用兵上の要求の無いまま、研究は一時停滞してしまった。

当時「魚雷艇」という艇名も船籍に登録されなかった。昭和九年に到り再び研究は開始されたが採用に到らず、昭和十四年までなすこともなく過ぎてしまった。

日中戦争（支那事変）の最中、上海黄浦江の狭い水域で、第三艦隊旗艦「出雲(いずも)」が中国海軍のソーニクロフト社製魚雷艇CMBに襲撃されるというショッキングな事件が生じた。一方、昭和十三年、広東において「出雲」襲撃と同型の中国魚雷艇CMB55型を拿捕した。また中国税関が監視艇として使用していたイギリスのブリティッシュ・パワーボート社製魚雷艇二隻を上海において拿捕した。その後欧州から魚雷艇に関する情報が入るにおよび、ようやく海軍部内に魚雷艇試作研究の気運が生じた。

昭和十四年度臨時軍事費追加予算として、雑船の部に、「魚雷艇、建造番号二四一〜二四六、隻数六、基準排水量二〇トン、代表艦名一号」が計上された。

魚雷艇が、帝国海軍・雑船グループの末席に船籍を確保したのはこの時が最初である。

艇の性能仕様を決定するため、ソニークロフト艇やイタリアのMAS艇等の性能を比較し、試作艇T-0型を製作することになり、魚雷艇建造がようやく動き出した。

図２　試作艇Ｔ－０型

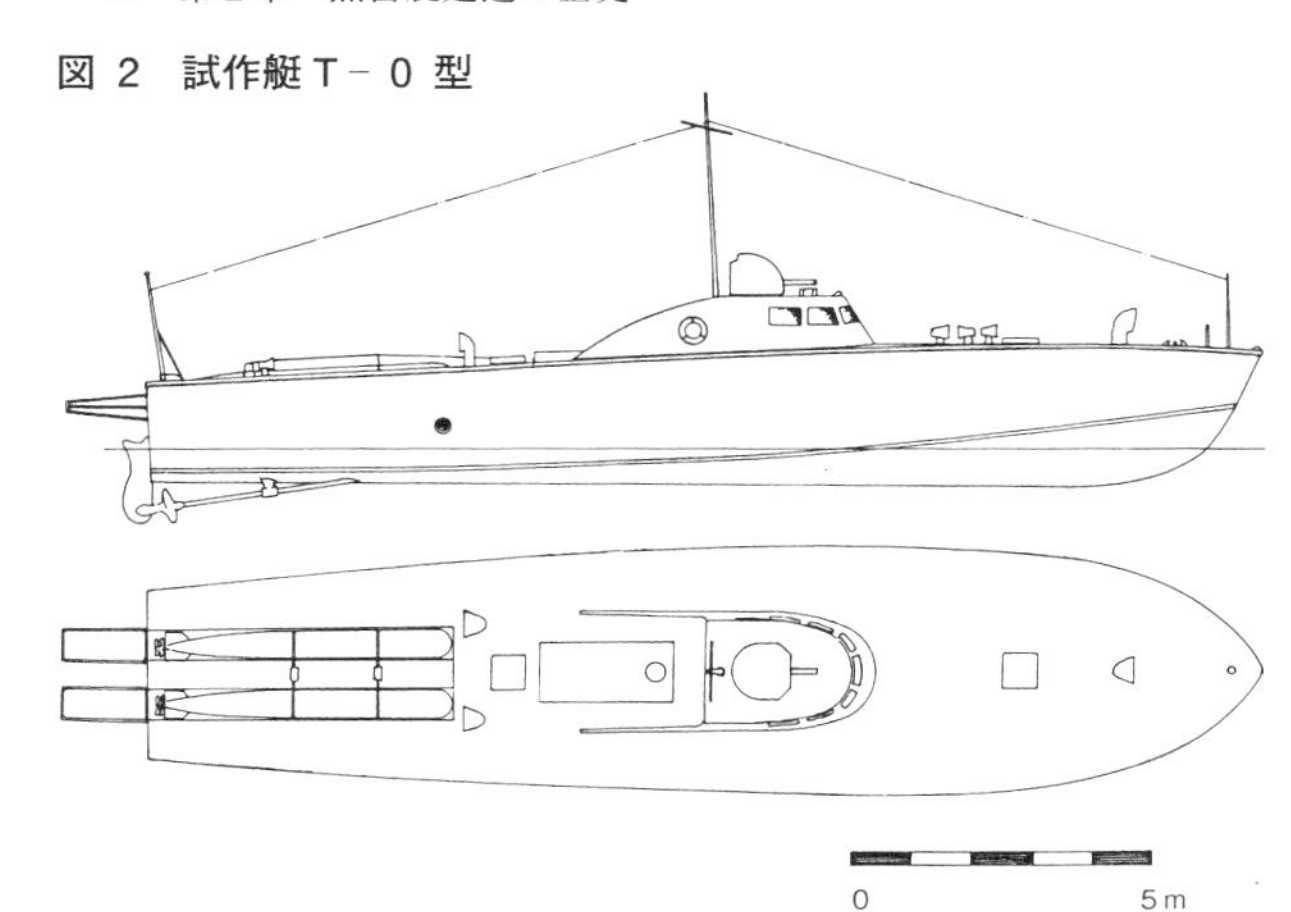

Ｔ－０型艇の試作

我が国第一号の魚雷艇が、横浜ヨット工作所鶴見工場において船体製作、横須賀工廠において艤装ののち、昭和十五年（一九四〇年）竣工した。公称型式名はつけられず、試作艇Ｔ－０型と称された。

その要目は次の通りであった。

船　体：木造
排水量：一八・七トン
全　長：一九メートル
吃　水：一・二メートル
速　力：三五ノット
主機械：九四式水冷航空用エンジン九〇〇馬力×二基

艇体構造は、V型高速艇の典型的なもので、骨材はけやき、板材はひのきである。フレームは組立肋骨（作りあばら、ビルトアップフレーム）に目板（バテン）を通し、外板は両矢羽張りである。キールは一五〇ミリ×一〇〇ミリ、フレームは船底が二五ミリ×一三〇ミリ、船側が二五ミリ×一二〇ミリで、ガセット部は一五ミリ厚の単板目板張りで、ビームは二五ミリ×一〇〇ミリである。

機関台は七〇ミリ×七〇ミリの上下材の両面を八ミリ＋八ミリの両矢羽張りの板で挟んだボックス構造である。接着剤には二液性の尿素樹脂が用いられた。

当時、海軍の小型舟艇は石油発動機一点張りで、小型高出力の船用エンジンの準備をまったくしていなかった。船体が建造されても搭載すべき舶用エンジンがなく、中古航空エンジンを代用する以外に魚雷艇建造の手段はなかった。

本艇に用いられた「九四式水冷航空発動機九〇〇馬力」は、広海軍工廠において試作されたもので、「日本航空学術史」（日本航空学術史編集発行）によれば、

広海軍工廠航空機部にて、昭和三〜四年設計試作、昭和五年公称八〇〇馬力（W型一八気筒水冷エンジン）として資格運転完了、その後公称九〇〇馬力、最大一一

〇〇馬力に向上、昭和九年九四式九〇〇馬力として兵器に採用、双発大型攻撃機（九五式大攻、製作機数は八機）に採用された。その後、高性能空冷航空エンジンの出現で製造は中止された。

とある。

欧米では、後述するようにレジャーボートが発達普及していたので、必要な推進機関として舶用ガソリンエンジンが発達しており、魚雷艇建造の隘路にはならなかった。日本海軍は敗戦に到るまで、エンジン製作が魚雷艇建造の致命的隘路となった。以下、舟艇建造の経過を追うことにしたい。

搭載エンジンの欠乏

T－0型に続いて、T－1型六隻建造の追加予算を計上した時点で、造船部門は過去の水槽実験やT－0型のデータ等から船体設計方針を確立したが、造機部門は搭載すべき推進機関の研究すらまったく未着手の状態であった。造機部門では、搭載すべきエンジンについて深刻な論議がなされたに違いない。

とりあえずは航空エンジンの転用でスタートして時間を稼ぎ、魚雷艇用ガソリンエンジンの製造を速やかに立ち上げる方針が決定された。

これらの事情は、興洋社刊「造艦技術の全貌」に述べられている魚雷艇用エンジンの開発に関する近藤市郎元技術少将（造機）の記述からも明らかである。

高性能の魚雷艇の実現は之に適当な機関の実現がかかって居る。海軍は大艦巨砲主義を以て至上戦術として居た関係上、魚雷艇の研究はあまり行われなかった。機関の最高責任者として福間中将（元海軍艦政本部五部長）はこの魚雷艇機関の必要性を認め、再三意見を具申したが当時の海軍（用兵部門）は耳を傾けなかった。技術的困難さが大であればある程前もって研究して置かねば急の間に合わない。平常の研究準備なくして、又その製造設備無くして高性能の魚雷艇機関が出来るものではない。

当時の魚雷艇用エンジンに要求される性能は、他の戦艦用のタービン機関やディーゼル内燃機と比較して遙かに苛酷なものであった。

同じく「造艦技術の全貌」よりその概要を次に示す。

	重量トン当たり馬力	最大出力（馬力）
タービン機関		
戦艦	二五〜三五	一五万
航空母艦	四〇〜六〇	一六万
巡洋艦	四五〜六〇	一五万二〇〇〇
駆逐艦	六五〜七〇	七万五〇〇〇
掃海艇	二〇〜二五	
内燃機関		
潜水艦	二〇〜三〇	一万四〇〇〇
敷設艇	三〇〜三	
敷設艇	三〇〜三	
魚雷艇*	九〇〜一〇六	四〇五〇

*引用者註：魚雷艇は引用者が記した（日本艇〜米国艇）

当時、海軍艦政本部所管の艦船用機関は、主にタービン機関とディーゼル機関であった。筆者の学生時代は、ディーゼル機関の設計研究を目指す優秀な機械工学科の学生は、海軍造機技術科士官を志望した。

昭和二年、艦政本部より分離独立した航空機部門へガソリンエンジンの研究者は移っていたので、魚雷艇用主機関の研究を始めたとしても、恐らくディーゼル機関の研究を取り上げていたに違いない。当時の工作技術水準で、魚雷艇用ディーゼルエンジンを第二次大戦までに完成することはほとんど不可能であった。しかし、少なくとも小型の船用内燃機の研究に着手していれば、魚雷艇建造時のトラブルを遙かに軽減出来たことは間違いない。近藤技術少将無念の述懐もよく理解される。

結局、魚雷艇の建造に必要なエンジンを緊急生産するために、先進国より新鋭魚雷艇を輸入し、その搭載エンジンをコピー生産する以外に良い手段はなかったのである。

Ⅱ　MAS艇の導入

導入の経緯

当時、我が国は日独伊三国同盟に発展する緊密な外交関係にあったので、英国に魚雷艇を求めることは不可能であった。ドイツの大型魚雷艇に装備されたダイムラーベンツの高性能ディーゼルエンジンを、コピー生産するだけの技術力はなお弱体であった。*

イタリアの小型魚雷艇に搭載されているイソッタ（Isotta）社の船用エンジンは（後述）、当時欧州において最高水準にあり、日本でも生産可能として導入採用が決定されたのであろう。

*註：横須賀海軍工廠や三菱重工業において着手された魚雷艇用ディーゼルエンジンの開発は未完成の内に終戦を迎えたが、戦後その性能は米軍より高い評価を得た。

ＭＡＳ艇の購入決定がいつなされたか明らかでないが、恐らく試作艇Ｔ－０型の試作が決定された時期であろう。

「海軍造船技術概要」は魚雷艇導入に関し、以下のように記述している。

昭和十五年八月頃、イタリアBaglietto（バリエット）社製新鋭ＭＡＳ魚雷艇５０１型が、横須賀工廠の岸壁に陸揚げされた。

本艇の要目は、

全長一八メートル、V型二段ステップ付、満載排水量約二二トン、過給器付Isotta-Fraschiniガソリン機械二基（合計一八五〇馬力）搭載、計画公試全力四六ノット（最大二〇〇〇馬力にて四九ノット）の新鋭艇で、兵装、艤装を完備して購入された。購入単価は当時の金額で五〇万円*であった。

*引用者註：魚雷艇（PT20エルコ）の米海軍発注単価は当時の金額で二二万八一〇〇ドルであった。五〇万円は破格の金額ではなかろうか。技術導入的見地からやむを得ない価格であったのかも知れない。

初めて本艇の内部に入った時は実に美しく整然としたもので、我がT－0艇を見た目で見ると、丁度外国製高級自動車と戦時中のトラックとを比較するような感じであった。何処が高速艇のポイントであるかということが明白になり、大型高速艇に対する我がセンスの欠如をまざまざと見せられた。

本艇は間もなく横須賀沖で幾次かの試運転を終了したが、最高速力はエンジンの調子か四八・五ノット位であったが、*我が海軍最高の速力となった。

これによって用兵者、運用者、計画及び建造者は何れも五〇ノット級の大型高速艇を経験し、併せて技術的自信を持つに至った。機関艤装の如きは特に海軍の造機関係者を刺激して、魚雷艇に関する限りは従来の頭を入れ換えて、むしろ航空技術を大いに取り入れねばと強く認識させられた。此の点でＭＡＳの輸入はＣＭＢや簡易型の入手よりも一層有意義であった。

＊引用者註：伊バリエット社での公試では、排水量二一トンにて五〇・二ノットの成績であった。

Ｔ－０艇とＭＡＳ艇の洋上テストを繰り返した結果、貴重なデータが採取された。その検討結果は、「船体構造に関しては、ＭＡＳ艇型は必ずしも一般向きの魚雷艇ではなく、やはり日本海軍としてはＴ－０型を改良すべきだ。南方のみを活躍舞台とするならば、ＭＡＳ式の艇も考えられるが、大量生産に向くものとは思えなかった」と述べている。

エンジンは三菱重工川崎機器に送付された。本艇は改造の後、隼艇一号＊として南方に送られた。

＊註：隼艇は魚雷艇から魚雷を外し兵装を強化、指揮艇または連絡艇として使用したものの名である。

付記として

(1)昭和十八年に隼艇として最初に建造されたものは隼一号（MASを改造）と同型の鋼製全溶接の隼二～九号（H－2）であった。本艇は航空用空冷発動機火星Ⅱ型を使用したが、所期の性能は得られなかった。

(2)昭和十九年秋になってMASと同型の高速艇三隻が銚子ヨット工作所にて一八メートル型魚雷追躡艇として建造された。船形船体構造はほとんどMASと同じであった。

結局MAS型は、三隻のみ魚雷追躡艇として建造された。本艇の主機械は七一号六型二基で、*速力は四二ノットを得た。

*註：七一号六型は、MAS搭載のエンジンを分解コピーして製作したエンジンの海軍呼称である。（詳細後述）

導入艇はMAS501だったのか？

導入艇の要目を調べるうちに、導入艇はMAS501ではないのではという疑問が生じた。若干の資料をもとに筆者の推定と見解を述べる。

図３　MAS451

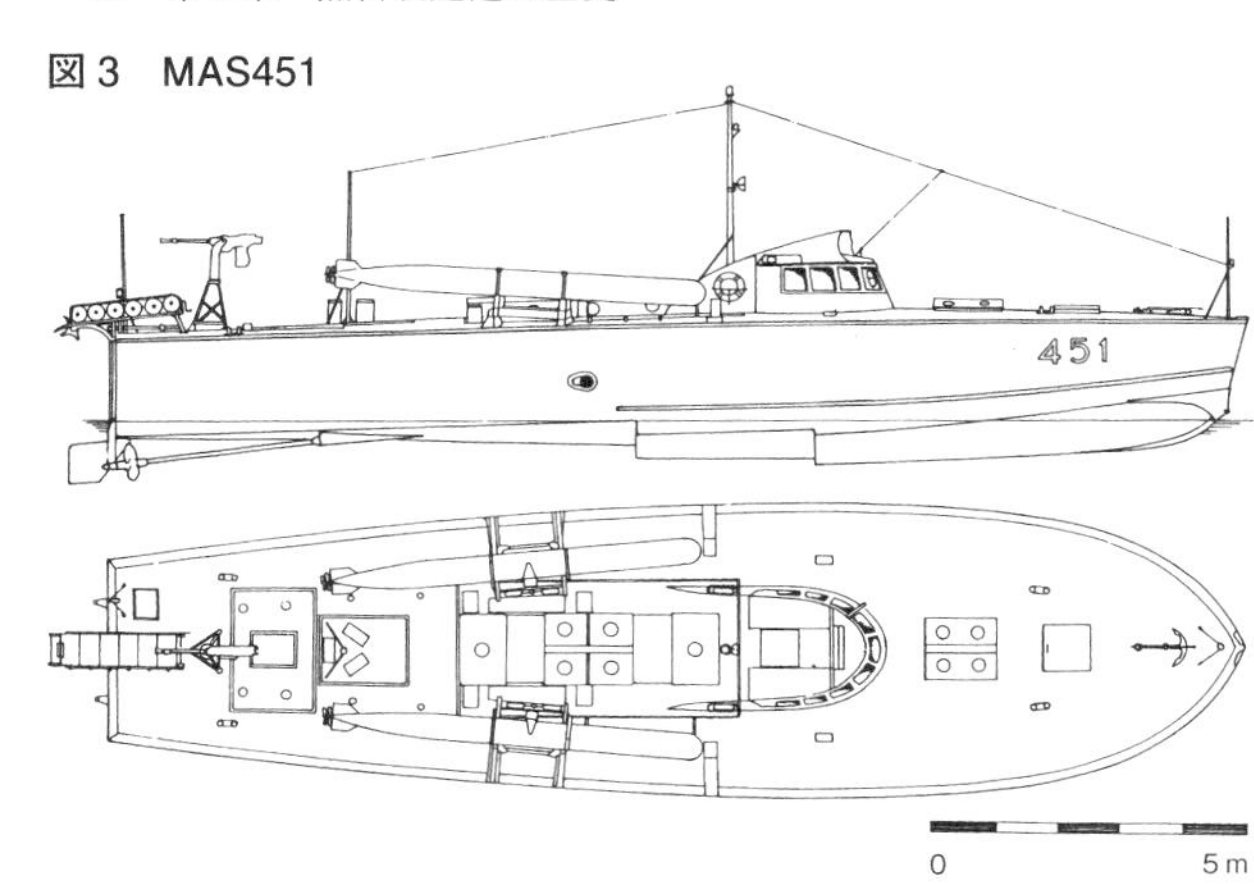

「本魚雷艇のイタリアにおける領収運転の立会官は、長野利平技術少佐（一九四〇年当時、艦政本部造船監督官兼造兵監督官、イタリア駐在）である。

ジェノバ沿岸で行なわれた試運転では契約速度五〇ノットには稍不足であったが、合格と認定し『箱崎丸』に乗せて帰国した」と、戦後長野氏の下で永らく勤務された岩下登氏（舞鶴海軍工廠において魚雷艇設計担当・技術大尉）から情報を戴いた。

バリエット社の所在地Varazzeはジェノバ近くであり、試運転地から推して、導入艇がバリエット社製であることに間違いない。しかも導入艇とされるＭＡＳ５０１は、イタリアの図書*によれば、アルノ河畔の

Picchiotti 造船所で建造、一九三六年七月八日進水し、一九四六年十月十八日除籍されている。

従って長野氏が立ち会い検収した艇は、ＭＡＳ５０１ではあり得ないということになる。

一方、舟艇協会刊「舟艇五〇年史」の高速艇要目資料によると「ＭＡＳ５０１」の要目は船長一七メートル、主機イソッタフラスキーニＡｓｓｏ１０００ＰＳ２×二、乗員九名である。同じく型番指定がなく備考欄に「参考として購入」と記されているＭＡＳ艇の要目は、船長一八メートル主機イソッタフラスキーニＡｓｓｏ９５０馬力×二、乗員一一名とあり、従って５０１型艇は購入艇に該当しないことになる。

同じく「舟艇五〇年史」に丹羽誠一氏（海軍技術少佐として魚雷艇設計を、戦後は防衛庁で高速艇の設計を担当し、後に舟艇協会会長として活躍）は、「一九三五年に Baglietto 社は Fiat ディーゼルを積んだＭＡＳ４５１型二隻の建造命令を受けた。エンジンルームの長さが増加したので艇長を一八ｍに延長した。しかし試運転の結果、このエンジンでは要求されるスピードが得られないことが分かって、イソッタ・エンジンに換装して一九四〇年に完成した。

同社は一九四〇年日本海軍の注文でこれと同型艇一隻を建造した。」と記している。

導入艇とMAS451の要目を較べると、バリエット社製、船長、乗員、兵装等から、導入艇とMAS451は正しく同型艇である。

MAS451（一九四〇年十二月十三日進水）～452（一九四〇年十二月四日進水）の艇番が若いにもかかわらず、建造年月が他艇に比し遅れている理由も理解される。

従って導入艇はMAS451型と推断して間違いはない。
＊註："M. A. S. E Mezzi D'Assalto Di Superficie Italiani"より

高性能だったMAS艇

丹羽氏はさらに導入艇について以下の様に述べている。

この艇は極めて丈夫な構造で、波の中での大きな衝撃を受けながら走るように計画されている。この艇のデッドコピーを一八メートル追躡艇として建造したが、二十年一月に銚子から横須賀までの回航に、全行程を平均三〇ノットで走破し、特に州崎から剣崎迄の間、北西の風を真正面に受けながら、殆ど飛沫もかぶらず走ったのは、先に述べた八〇トン丸型艇T51での、一波一波をまともにかぶって難航した経験に較べて強く印象に残っている。

七一号六型エンジン搭載のMAS451型と同一船型の魚雷艇が一隻も作られなかったのは、造船部門がMAS艇を建造しようとする意志がなかったためであろう。技術導入はまずデッドコピーから始め、以後改善・改良を加えるのが常道であると、筆者は海軍時代に教えられたものであった。用兵部門、造船・造機部門間の意志疎通拙劣のため、小型艇量産専用新鋭工場・横浜ヨット銚子工場が魚雷艇緊急生産に役立ち得なかったのも誠に残念というべきである。

このMAS451艇の消息について、第一一魚雷艇隊司令・村上紀文氏（兵七〇期）は、「海軍水雷史」第一七編の第一章魚雷艇・震洋の項、「魚雷艇（隼艇）の思い出」の中で以下のように述べている。

呉工廠では飛行機の中古エンジン搭載の魚雷艇が建造されたが故障続出して計画の性能がでなかったが、六九期のS中尉が呉から魚雷艇六隻を率い、S少尉*が横須賀から学生隊が使用中の一隻を率いて十八年十月上旬急遽出撃していったのである。横須賀から出撃したものは見るからにスマートで、四五ノット余り出るものであったが、呉からのものは三〇ノットそこそこで、戦局に急がされた粗末なものであった。

＊引用者註：本艇は巻末付録Ｉの第一艇隊欄の七隻の内の一隻で、「ＭＡＳ」改造艇と思われる。出撃時期、展開地および艇型名や出撃地を特定することは出来なかった。

第３章　国産艇の開発と建造

Ｉ　船型決定の迷い

Ｔ－１型艇の試作

Ｔ－０型試作艇から得られた諸データにソーニクロフト艇やＭＡＳ艇等のデータを加え、海軍技術研究所が行なった大規模な船体実験の成果を踏まえて種々の試験が行なわれ、その成果として改良型Ｔ－１型六隻が、横浜ヨット鶴見工場で製作されることになり、昭和十六年六月着工、同年十二月竣工した。太平洋戦争前に、日本海軍が建造した唯一の魚雷艇であった。

◇試作艇T－1型の要目

船　体：木造
排水量：二〇・一トン
全　長：一八・三メートル
速　力：三八ノット
吃　水：〇・六五メートル
主機械：九四式水冷航空九〇〇馬力×二基
乗　員：七名

丹羽誠一氏は、著書「世界の魚雷艇」において、「T－1型魚雷艇六隻は、日本海軍において最も成功した型である」と述べている。これらT－1型魚雷艇は第一魚雷艇隊に所属し、横須賀防備隊として展開したが、開戦後ウェーキ島配置の三隻とタラワ島の二隻はそれぞれ昭和十八年に戦没、一隻のみが水雷学校練習艇として長浦に残っていた。

図４　Ｔ－１型（第６号魚雷艇）

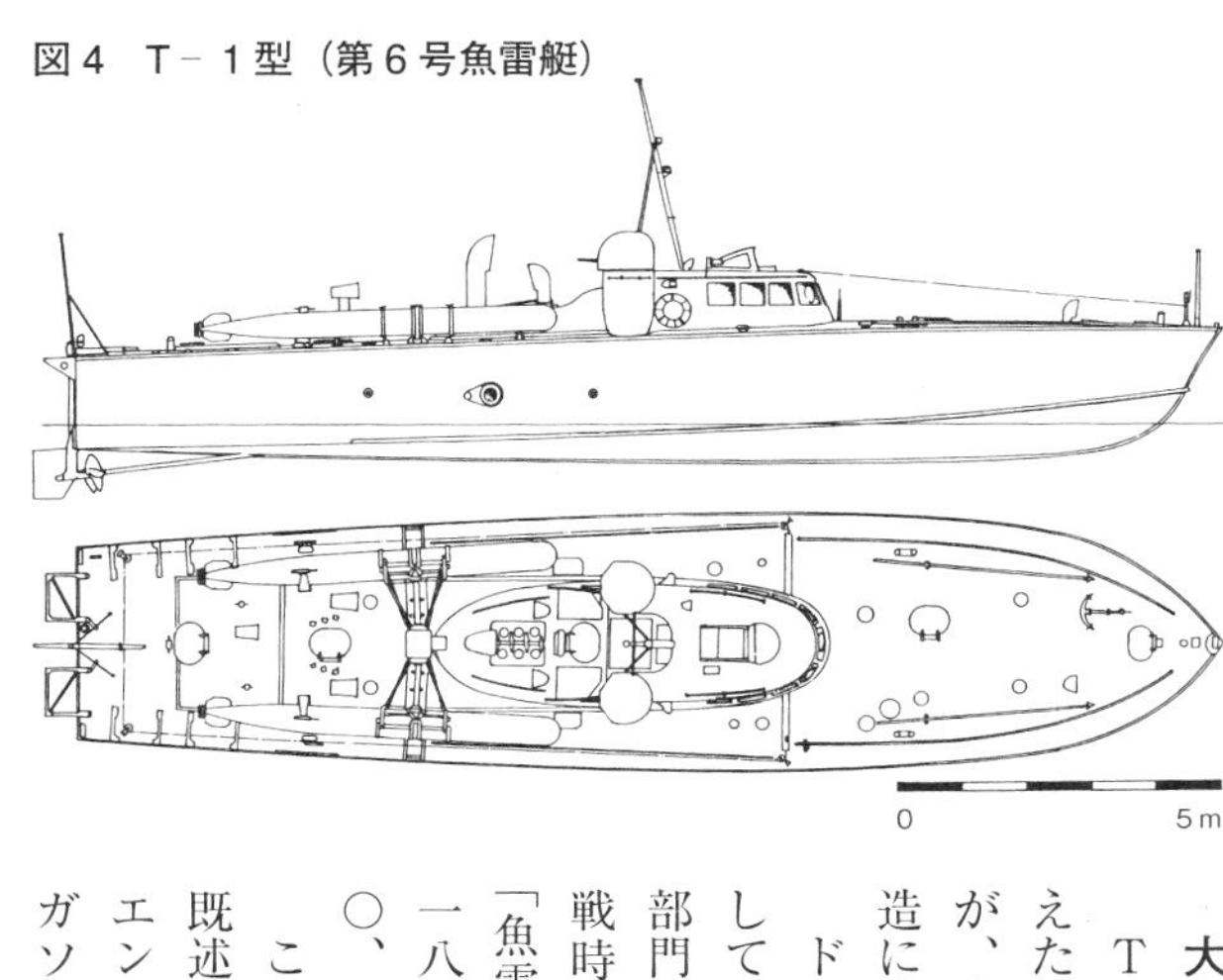

大型魚雷艇（甲型）の建造

Ｔ－１型完成に引き続き、同艇に改良を加えた艇の生産に踏み切るのが当然と思われたが、小型艇の生産は継続されず、大型艇の建造に移行した。

ドイツの大型魚雷艇が英海軍を大いに悩ましているという情報に刺激されたのか、用兵部門からの要求によってか、昭和十七年度の戦時艦船補充計画の十八年度臨軍予算に、「魚雷艇甲、建造番号六〇〇～六一七、隻数一八（内七隻は建造前に中止）、排水トン八〇、代表艦名一〇号」の大型艇が計上された。

この大型艇に搭載すべき推進機関として、既述のＭＡＳ艇搭載イソッタフラスキーニ社エンジンのコピー機・海軍呼称「七一号六型ガソリンエンジン九二〇馬力」が決定された。

本来この予算で、七一号六型エンジン搭載のMAS451型原型艇の建造予算が、計上されてしかるべきであった。

七一号六型エンジンは三菱重工にてコピー試作したが、後述するように量産が軌道に乗らず、艇完成遅延の要因となった。かつ排水量八四・二トン、全長三二・四メートルという製作経験のない大型艇にも問題あり、一号艇（T－51a型）の竣工は、十八年十一月にずれ込んでしまった。しかも速力二九ノットと芳しい数値ではなかった。T－51型艇に関し、「旧海軍資料・生産技術五〇、五一号：一九五一」は、次のように述べている。

七一号六型機関装備のT－51型艇は、一九四一年度計画*の八隻が完成した。その建造所は、横浜ヨット会社鶴見及び銚子工場で、一九四二年起工し一九四三年竣工した八〇トン級のもので、指揮艇として使用された。

第一艇は七一号六型四基を装備し、小型の歯車によりこれを二軸装置としたものである。

*引用者註：実務部隊の計画が昭和十六年、十七年度予算に計上された十八年度臨軍予算の一八隻を指すものであり、魚雷艇建造の緊迫性は見られない。

当時の独逸魚雷艇は軽合金構造であったが、我が国では航空戦備上魚雷艇に軽合金の使用は許されず鉄骨木皮という苦しい構造としたこと、及び歯車装置により機関の重量が大となったこと等の為、極力各部重量の軽減を図った結果は機械台の構造が薄弱となり、運転時に振動甚だしく六／一〇全力以上の力量発揮不能となり、機械台の大改造を必要とするに至り又歯車装置の装備及取扱にも困難な点があり、且又建造所の機械工事不馴れ等に起因した諸事故があって竣工期の遅延を来す等不評多く本艇は一隻だけで止められ、第二番艇は歯車装置を廃し四軸艇に設計変更された。これがNo.10型（T－51b型）である。

此のT－51b型は横浜ヨット鶴見工場にて三隻、銚子工場にて八隻建造された。兵装は二五mm高角砲三門、魚雷二本及び爆雷八個を有し乗組員一八人という大型艇である。

*引用者註：第六〇〇号型機関計画要領書によれば、機関重量九・八トン以下、軸系および推進器、補助機械、管弁コック、水および油、雑、合計二八・二〇トンと過荷重であった。

銚子工場は、もともと高速魚雷艇や小型高速艇建造の目的で作られた新鋭工場ではあったが、大型魚雷艇建造には不適当な工場であった。加えて鉄鋼の工作能力不足な

図５　T－51a型（第10号魚雷艇）

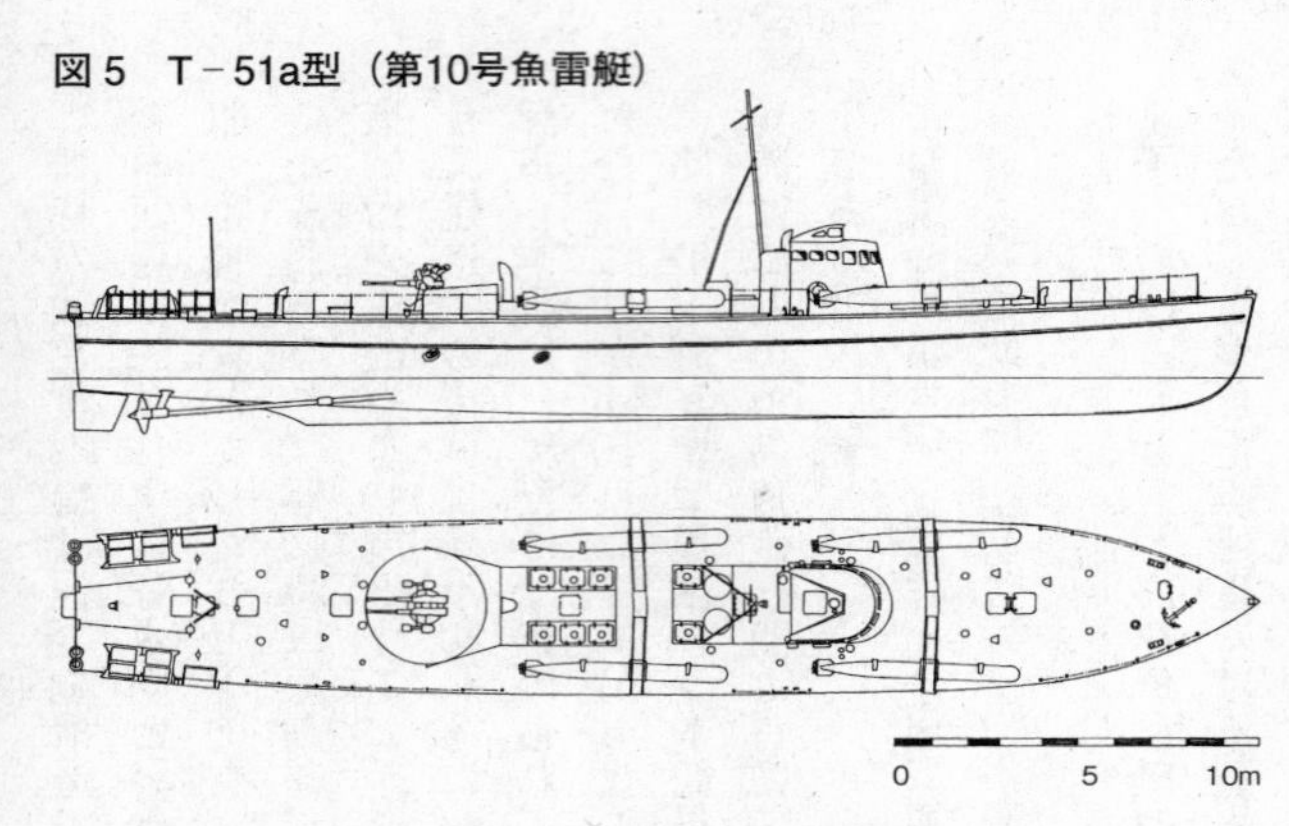

ど船体建造に問題が多く、エンジンの完成遅れもあり、工事は著しく遅延した。さらに最初に完成した一一号艇、一二号艇の欠陥を後続艇で改良したため竣工は遅れ、結局八隻の完成をもって、十九年八月末進水艇以降の工事は中止となった。

完成した魚雷艇は戦果なく終わった。まさに徒労に終始した大型艇の建造であった。

前述のように魚雷艇建造の着手が遅れ、かつその後も一貫性のない建造計画が立案された。その原因は、遠く日露戦争における日本海海戦の大勝に遡らなければならない。バルチック艦隊を米国海軍に、日本海を太平洋に置き換え、仮想敵国アメリカと戦うには、大艦巨砲あるのみという古い戦略にとらわれ、時代の変化を見据えた柔軟な戦略の採用と新鋭兵器の開発を怠ったことによるのである。

近代戦争が、国力を挙げての戦いに変化している時代に、古い経験に固執し正しい状況判断を下し得なかった用兵部門の責任は重大であると、いわねばならぬ。

Ⅱ　小型魚雷艇（乙型）の生産

大型艇にこだわり、艇の仕様決定を模索していた頃、米軍のガダルカナル島侵攻が開始された。その後、米魚雷艇隊の活躍によって、日本艦隊や輸送部隊が苦戦を強いられ、魚雷艇要望の声が用兵部門に殺到した経緯は既述のとおりである。

ここにおいて再び方針を変更、小型魚雷艇（乙型艇）の増産に踏み切らざるを得ない切迫した事態となった。

かくして昭和十八、十九年度戦時艦船建造補充計画・昭和十九、二十年度臨軍予算に以下のごとく膨大な魚雷艇の建造予算が計上された。

艦種	建造番号	隻数	基準排水量	代表艦名
魚雷艇	三二〇一～四二〇〇等	一五〇〇		雑　種

二年間の建造隻数一五〇〇という数値は、工業力や造船能力の現状をまったく無視したものといわねばならない。

用意周到な計画をたて、目標の完遂にベストを尽くすのが、海軍の伝統であったはずである。無謀とも思われる予算の計上は、米魚雷艇隊の活躍に窮地に陥った用兵部門の焦燥が、いかに大きかったかを物語っている。

遊休航空エンジンの転用

魚雷艇の急速大増産に必要なエンジン生産の目途は立たず、当座は遊休航空エンジンを転用する以外に策はない。

遊休といえば聞こえは良いが、役目を終えて機体から取り外し利財倉庫（海軍用語）に保管された中古エンジンである。これらのエンジンを倉庫から出して、欠落および老朽部品の新製取り替え、機器の分解手入れ、舶用に転用するための諸改善および部品の製作、整備試運転、さらには推進軸とエンジンを連結する接手（クラッチ）や推進器の設計製作など、個々のエンジンに対応した雑多な作業をしなければならなかった。非効率的な設計や作業のために、魚雷艇製造部門は人海作戦を余儀なくされたのである。

使用されたエンジンは、まず昭和初期に輸入された遊休水冷エンジン（一二気筒V型）等が選ばれ、保管場所の関係上、横須賀工廠はヒ式四五〇、佐世保、広、舞鶴工廠は九一式六〇〇、呉工廠はヒ式六〇〇と六五〇、三菱川崎はローレンの整備をおのおの担当した。

各水冷エンジン名と搭載魚雷艇型名は以下の通りである。

ヒスパノ水冷　四五〇（T－21）
ヒスパノ水冷　六〇〇（T－22）
ヒスパノ水冷　六〇〇　巡航機八〇馬力×一（T－23）
ヒスパノ水冷　四五〇×二（T－31）
ヒスパノ水冷　六五〇×二（T－32）
九一式水冷　六〇〇　広製九四式の原型（T－33）
ローレン水冷八〇〇（T－34）

などである。さらに水冷エンジン不足のため、左記の空冷エンジンが採用された。

寿三型（T－36）四三〇馬力、四七五キログラム
明星二型（T－37、H－40）
金星四一型（T－38、H－38）七〇〇馬力、五六〇キログラム
震天二一型（T－39）
火星一〇型（H－2）一〇五〇馬力、七二〇キログラム

各エンジンは出力重量それぞれ異なるので、艤装においてもそれぞれの設計工作を必要とした。

〝兵器は現地補修や予備部品補給を考慮し、かつ兵の能力を勘案して、標準化・単純化されなければならない〟という兵器設計に関する海軍の伝統的な基本理念とはほど遠い、魚雷艇建造の実態であった。

舞鶴工廠の苦闘

魚雷艇の建造に関し、岩下登氏は、海軍短期現役九期会編・短現技術科士官の手記「今に生きる海軍の日々」の中に、「T－33型魚雷艇の思い出」と題し、当時の魚雷艇

建造に関する体験記を掲載している。以下原文を抜粋紹介すると次のごとくである。

　十八年の夏、舞鶴では魚雷艇の完成に四苦八苦していた。前記の通り日本には魚雷艇の準備、特にエンジンの準備がないのが致命的欠陥であり、規定飛行時間を超過した予備エンジン流用という苦肉の策が採られた。舞鶴工廠の場合は、液冷の直列エンジンで、巡航用に六〇馬力の石油発動機を搭載して、推進軸にＶベルトで伝導する構造であった。処がベルトがスリップしてどうしても伝導しない。主機の方にも問題山積で、引き渡し可能の艇は一隻もできなかった。この中で八月には星形空冷の金星四一型を二基搭載するＴ－33型が切り札として登場して来たのである。私はこの時、舞鶴造機設計唯一の内火関係担当官の地位にあった。

　基本設計を見ると艇の天井にエンジンを吊り下げ、長い軸の先に推進器のある構造であった。八月末、呉工廠造機部の伊藤中尉自決の報が伝わって来た。Ｔ－33には失敗は許されない。Ｔ－14は依然ものにならない。やはりオーソドックスに床の上に架台を設けてエンジンを乗せる構造にすべきであるという結論を出し、製造担当の藪田大尉（短現八期）の賛成を得て、設計主任山口操中佐（機関）に意見具申した。

念を押されて設計主任は艦本に行かれ、遂に許可が出た。恐らく艦本でも二案が検討されていたと推定する。

*引用者註：船体強度や据え付け工事、エンジンのオーバーホール等を考慮すれば、岩下案の採用は当然と考えられるが、下部機構からの提案を率直に採用する担当官は、合理性を尊ぶ伝統的海軍精神の持ち主というべきである。

今回は設計に魚雷班を設け、製造は本庁と離れて西舞鶴の大和紡の工場を接収して喜多工場として行った。二〇を越す官民の工場での同時スタートであり、舞鶴だけが設計が違うのである。絶対トップを走らなければならない。一号艇の試走を十一月〇日に予定した。（中略）

図面のミスなどもあり、密かに狙った十一月三日の試走は夢と終わった。然し遂に十一月五日、岸壁を離れ博奕岬を回って宮津湾に入り、天橋立に平行して試走してみた。当日は風も強く波もかなり高かったが、機関の調子も良好で標柱間航走で三四ノットを確認した。四分の三状態相当と思う。（中略）魚雷、爆雷投下等の公試も完了した。二号艇以下の生産に全力を尽くした。中には三八ノットを記録した艇もあったが、二四ノットしか出ぬものもあり、遂にエンジン欠となって五〇隻に達せずして打ち切りとなった。そして残念ながらその戦果を知らない。

第二次大戦中に日本海軍が建造した魚雷艇を艇番号、仕様、製造所別にまとめたのが巻末付録Ⅲである。

*註：表の魚雷艇番号と搭載エンジン名が岩下氏の体験記の既述と相違するが、それぞれ原文のまま記載した。

海軍造艦部門の懸命の努力にもかかわらず、用兵部門、戦地部隊の要求に応え得なかった最大の原因は、屡々述べるように、舶用高性能エンジンの供給能力不足であった。

四〇ノットの高速で疾駆し敵艦を魚雷攻撃、あるいは敵陣に機銃攻撃をしかけ上陸部隊を援護するなどの役目を果たす魚雷艇の性能は、小舟艇といえど当時最高の造船技術や高度の内燃機製作技術なくして、実現することは不可能であったのだ。

乙型魚雷艇の問題点

作戦部門と造船部門は、戦地からの悲痛な要求に対し、長期的展望も確たる性能目標もないまま、数合わせ的生産に終始し、アメリカやイタリア艇に比し多くの性能的欠陥を持つ魚雷艇を造らざるを得なかった。

魚雷艇隊員の回想記から、彼らが欠陥艇なるが故に不利な戦闘を強いられたにもかかわらず、艇に対し非難することなく、事実を後世に正しく伝えようとするユーモア溢れる海軍魂を知ることが出来るのは、エンジン製造に携わった筆者にとってまさに救いである。

諸記録をもとに、魚雷艇の主な欠陥について、以下に記述してみよう。

(1)船体構造

小型高速艇の船体は従来の軍艦と異なる特殊な構造で、その適切な船体構造を決定することは容易でなかった。海軍技術研究所は、水槽実験をフルに活用して、船体構造の研究を行なったが、木造合板の船体構造を精度高く量産する技術は確立されていなかった。さらに船体製作に必要な熟練した船大工は不足し、ほとんど家大工や家具職人に頼らねばならなかった。

従って工廠や民間造船所で製作された艇の性能は、艇ごとに異なり、艇ごとに速度が大きく異なる状態であった。特に雑多な航空エンジンを用いたため、船体とエンジンの性能や推進器(スクリュー)の適否等により、岩下氏既述のごとく所定の速度が出ない多数の艇が造られた。これらスピードの出ない艇は、魚雷等を撤去し「雷艇(らい)」

図6　T－38型

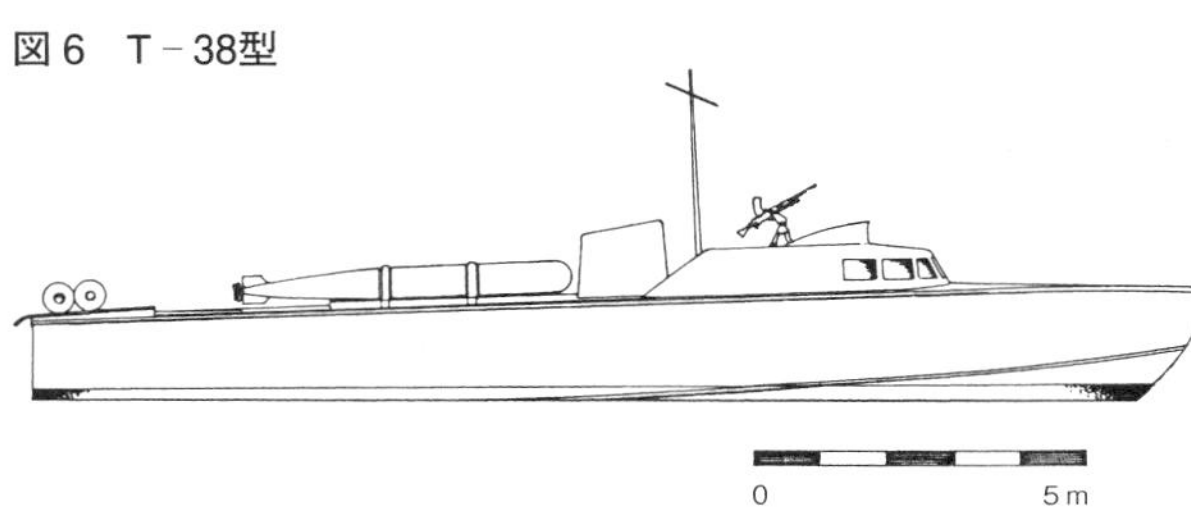

と称して連絡艇に格下げ使用されたという。正に言い得て妙なる命名である。

また、船体構造が弱く二液性尿素樹脂による接着技術も完全でなく、荒天下で船体が歪み浸水する艇も少なからずあったと思われる。（岩下氏は浸水の原因として、推進軸受けの材質と加工精度の問題を指摘されている）

高速性能や耐波・凌波性能にも十分な検討を加える時間的余裕もなかった。船体の変形には、使用木材の枯らし（シーズニング）不十分という事情も考えられる。

船体構造の強度についても、水槽実験に偏り、実戦的な検討と改良に充分な時間を割き得なかったと推定される。

⑵空冷エンジン採用の問題

高空を飛翔する航空機に装備される空冷航空エンジンは、エンジンの冷却や燃焼ガスの排気は至極簡単である。空冷航空エンジンを魚雷艇に用いる場合には、船室内にエンジンを冷却する大容量送風装置と、高温燃焼ガスを船外に排出するための排気導管を付加しなければならない。

そのためにエンジン出力の二〇パーセントが消費され、最高出力の長時間運転では排気管が加熱、エンジン温度が上昇して、エンジン停止を招く致命的欠点があった。

排気口から噴出する火炎のため、夜間の隠密行動が出来ないという欠陥もあった。

空冷エンジンの採用は、軍令部の無理を承知の要望に応えようとする艦政本部関係者が、知恵を絞った苦肉の策であったに違いない。

たとえ軍令部の方針が間違っていたとしても、決定された方針に対し艦政本部の部員たちは、不関旗(ふかんき)を掲げる訳にはいかなかったのである。不関旗とは、戦闘不能に陥った艦が、戦闘隊列から離脱する時に掲げる旗である。海軍軍人は、「いかなる時も、不関旗を掲げることなく、常に己れのベストを尽くすべし」と教育されていたのである。

船の速度を左右するガソリンのオクタン価は、アメリカは一〇〇に対し、日本の航空機の設計基準は九七であったが、実際に供給されるガソリンのオクタン価は八七であった。

戦争末期には、八七オクタン価ガソリンの供給は航空機に限られ、魚雷艇には一般ガソリンが配給される状況となった。ガソリンの質と量の低下により、魚雷艇の戦闘能力は減殺され、基地におけるエンジンの調整や実戦訓練にも支障を来したと、帰還魚雷艇隊員は記述している。

第４章　伊藤高技術中尉の自決

Ⅰ　海軍技術科士官

学友の死

魚雷艇建造の逼迫した状況下、呉海軍工廠造機部勤務の伊藤高技術中尉が、工事遅延の責任をとり自決するという悲しい事件が起きた。昭和十八年八月二十九日のことである。

戦時中はすべてが軍極秘の時代であり、彼の自決に関して、任務や当時の状況が必ずしも正しく伝えられたとはいえない。すでに六〇年の歳月を経過し、関係者の多くは他界し、彼の重要任務について正確に記述することは不可能である。昭和十八年当時の魚雷艇事情を追跡し、より詳しい記録を残すことが友人としての責務と考えた。

伊藤君と筆者は、大学時代に姓名順（イトウ、イマムラ）に従って、製図室で机を隣り合わせて学んだ友である。しかも造機部機械工場において再び机を並べて勤務することになった。彼は現役定年年齢まで海軍に勤務する技術科士官（永久服役者）であり、私は二年間の服務を終えた後予備役に編入、軍務を解かれる二年現役技術科士官（短現）であった。

海軍は建軍以来、当時のハイテク技術を用いて艦船、航空機、武器を米英その他列強に劣らぬ、さらには彼らを追い越すべく多額の軍事費を用いて海軍工廠を建造、民間企業を育成指導していた。第二次大戦時既に、造艦技術において世界列強に伍すほどに成長していた。

その主たる原動力は、海軍機関学校出身者と海軍技術科士官（後に技術科士官に編入された技師を含む）であった。海軍時代に培った彼らの経験と技術力は、戦後復興に貢献し、現在の工業国日本を築くことに貢献した。

優秀な技術集団を育んだ旧海軍技術科士官制度について、触れねばならない。

委託学生と短期現役制度

海軍は、軍艦や兵器の開発製造に技術者の必要性を認め、大正八年（一九一九年）に委託学生制度を制定し、優秀な大学卒の人材を採用した。委託学生には月手当を支給し、大学卒業と同時に海軍技術中尉として登用した。彼らは特別な事情がない限り、現役定年年齢まで服役することを義務付けられた。多くの志望者の中から選ばれたごく少数の優秀な学生が、委託学生となり大学卒業と同時に「永久服役」と称す技術科士官に登用されたのである。

昭和十三年には、短期現役技術科士官制度が発足した。理工系大学・高専卒業生の志願者より選抜し、二年間の勤務後予備役に編入され、原則的に卒業時に就職した勤務先企業や大学官庁などに復職する制度である。

昭和十三年採用の第一期生は、造船一六名、造機二二名、造兵八一名、合計一一九名であった。以降、第二次大戦開戦まで、毎年二回、合計ほぼ同数を採用している。

年二回採用の目的は、本来の趣旨である優秀な人材活用の他に、「徴兵検査に合格し、兵卒として陸軍に入隊予定の優秀な人材を海軍に温存すること」、ではなかったかと推察される。初期短現の方々は、ほとんど他界されているが、今なお第一線で活動されている著名人もおられる。

「青島１期」と呼ばれる海軍第32期技術科見習士官たち。昭和17年11月３日、青島の旧山東大学の校庭で撮影した第７中隊総員の写真で、２列目の右から11番目が著者。

第二次大戦開始後、短期現役制度は、見習尉官制度に改訂された。学校卒業後、見習尉官に採用された若者は、士官としての基礎的体力の涵養、海軍軍人、特に士官の心構えや教養および精神力を鍛える三ヵ月の基本実習を終了した後、大学卒は中尉に、専門学校卒は少尉に任官された。

この制度の第一期生が、十七年九月に採用された青島（チンタオ）一期と呼ばれる短現（一〇八〇名）である。第三二期永久服役（一二〇〇名）との混合部隊が、中国山東半島青島において、三ヵ月間の厳しい教育を受け、海軍魂を徹底的に叩き込まれた。戦後、短現と永久服役の区別無く、「海軍第三二期技術科士官」と称するようになった。仲間内で、「青島一期」と呼ぶのは、青島で教育を受けた次期技術科士官と区別するためである。

日本帰国後、短現は三ヵ月、永久服役はさらに三ヵ月の工廠での実務実習を経て正式に配属先が決定された。一部の短期現役士官は、本人の希望により永久服役に編入を許された。

筆者は、広海軍工廠の造機部門で三ヵ月の実習を終えた後、呉海軍工廠造機部機械工場に配属され、再び伊藤君と隣り合わせて勤務することになった。

Ⅱ　呉工廠機械工場勤務

技術科士官の任務

呉工廠は軍艦から潜水艦に到る主要艦船の主機を造る海軍屈指の主要工廠であった。特に呉には潜水艦基地があり、潜水艦用内燃機械ディーゼルエンジンの製造に関して海軍工廠内随一といわれていた。

この機械工場に配属された大学同期の仲間は、永久服役の伊藤、中野義明技術中尉と、短現の筆者であった。

機械工場は、古い伝統ある工場だけに大型歯切盤、大型旋盤、平削盤等の機械が並び、その上を数百トンの天井走行クレーン群が走る古色蒼然とした巨大工場であった。

中野技術中尉は、タービンや内火機械を加工する大型機械群の担当、私は歯車、フライスなどの小物部品を加工する機械グループ、運搬機(クレーン)、工場内機械の修理改善を推進する任務を、工場主任より与えられた。

工場には、直接作業員の上に組長、班長、工長、工師、技手等(各海軍養成機関を経て教育された優秀な人材)のベテラン役付きがいて、日常業務は円滑に運営された。担当部門に関する管理責任や定型的でない仕事の処理が私に与えられた任務であった。

徹夜勤務中に、戦傷船舶の機械部品の修理加工などについて指示を仰がれる時に、大学卒の存在感を意識することはあったが、実務経験の乏しい新参者の筆者は、ベテラン工長、工師から教えられることの方が多かった。

伊藤中尉の任務は、同期の宇佐美正雄氏(大学同期、永久服役、組立工場勤務、故人)によれば、機械工場全体の製造部品の進行担当であった。当時最も建造を急がれていた魚雷艇用機械部品の進行取り纏めが、彼の特命任務であったということである。

当時、各自の任務は公表されることなく、毎日の業務から隣りは何をする人ぞ的に承知する程度であった。この方式が海軍式なのか、工場主任岩崎巖技術少佐の方針であったかは不明であるが、たぶん前者であろう。

机を並べて

機械工場事務室は工場建屋の中二階にあり、工場主任の机の前方に各部員や工長、工師等役付の事務机が多数列並んでいた。私と伊藤君の机は、工場主任から比較的近い列に向かい合っていた。

事務所の一段高いところの屋根裏部屋に会議室があり、ここで新しい部品の加工法検討会議や日常業務の連絡会議が行なわれた。設計から送付された新しい図面の加工法や治工具の検討会議は、常に岩崎主任の主催により、適切かつ明快な指示に従って無駄なく進行するのが常であった。

私は会議の末席で、秘かに感嘆しながら大学では習わない貴重な技術を修得することが出来た。

しかし会議の席上で、魚雷艇関連事項が議題に上ることは一度もなかった。私とまったく無縁な魚雷艇に関することは、すべて軍極秘として別途会議が持たれていたのであった。

伊藤君は、八月に入ってからほとんど帰寮することなく、まさに月月火水木金金の勤務態勢に入った。彼は工場会議室に寝袋を持ち込み宿泊、毎朝始業時間前、すでに机に向かっていた。やや疲れた様子の伊藤君に、〝私に出来ることがあれば、何なりと遠慮なくいってもらえればお手伝いするよ、無理をして体を壊さないように〟などと話しかけた。

彼は端正な顔に笑みを浮かべながら、私の申し出に感謝の意を表したが、受け入れることはなかった。

大型機械の中に置かれた加工待ちの魚雷艇用部品、しかも従来の大型機械部品とはまったく異なる小物部品は、よほどよく管理されないと、見逃がされて工程遅れを生じるおそれは大いにあり得ることであった。

本来手足となってくれる工長以下の部下も、まったく新しい製品の管理に戸惑い、伊藤君の期待するほどの働きが出来なかったとて不思議ではない。

私は任務上工場内を回っているので、部品の所在を見つけ進行状況を伊藤君にレポートすることは可能と考えての申し出であった。

常に「自啓自発」の教育を受けてきた青年士官として、特に永久服役の伊藤君の性格からも、私の申し出を受けることなど考えられないことであったに違いない。

程なくして、工廠長の下で開かれた緊急会議で、伊藤君が厳しく叱責されたという噂が伝わって来た。

その週が明けた月曜日八月三十日の朝、「昨日、水交社の自室で伊藤君が自決した」と思いもかけぬ悲報を知らされた。伊藤君自決の報を受けてただちに彼の部屋に駆けつけた同期の宇佐美技術中尉より、後日詳しい報告があった。

流血が部屋を汚さぬ配慮をして白布の上に正座、古式に則り自らの命を絶った伊藤君の冷静沈着な様子、上官とご両親、友人等宛て巻き紙に書かれた墨筆鮮やかな遺書などから、彼の死が立派な覚悟の自決であることを知った。

崇高な彼の死に較べ、何の役にも立ち得なかった無為徒食の自分を省みて、しばらく自己嫌悪に悩まされた。

任官４ヵ月で自決した
伊藤高海軍技術中尉。

戦後、拝見させていただいたご両親宛毛筆の遺書には、先立つ不幸を詫び、自決の決意が一字乱れぬ見事な筆跡で書かれており、同年代不肖の私など彼の足元におよばぬと、ただ畏敬するのみであった。

伊藤君の担当した魚雷艇の型式が何であったのか、不十分な資料や艇建造に携わった技術士官仲間の記憶等より、推定するよりほかに方法がないのは誠に残念である。

当時の担当者が最も苦心した水冷エンジン搭載のT－32型（ヒスパノ水冷航空エンジン六五〇馬力）かT－33型（九一式水冷航空六〇〇馬力）、あるいはその両方と推定するのが妥当である。さらにはまた空冷エンジン金星四一型搭載のT－38型魚雷艇、H－38型隼艇など一連の機械工事、呉鎮守府を基地として昭和十八年十月に、南東方面艦隊麾下としてラバウルに出撃した第一一魚雷艇隊の隼艇（H－38）の内二隻なども、彼の関係した艇であったかもしれない。

工事遅延の責任は、単に機械工場内の工程に起因するだけでなく、計画変更や設計変更による出図遅れ、素材の工程遅れなども考えられることである。本来、政策決定の誤りを含め海軍すべての部門が負うべき責任を、伊藤君が一身に背負って従容と自決したのである。

自決しなければならないほど重要な任務を、任官四ヵ月の中尉に命ずるものだろうかと、短現先輩の鈴木弘先生（東大名誉教授、文化功労者、日本学士院会員）にご意見をうかがった。

先生は即座に「あり得ることです。私自身、広工廠勤務中、大分に鍛造工場建設を命じられて計画に着手したが、逼迫した情勢から中止になった」と話された。

同期の中野技術中尉は、当時を述懐して、「伊藤はただ一人機械工場から会議に出席していた」と、筆者に語った。若い人材に重要な任務を担当させ、能力を引き出し伸ばすのが、海軍的教育法であった。

T－33型魚雷艇に搭載された九一式水冷航空六〇〇馬力と一連の機種は、広海軍工廠において実吉金郎海軍技師（大正九年東大機械卒、後に東大教授）が主任設計者として担当、昭和二年以降に完成したものである。時に実吉氏大学卒業後八年の若さであった。伊藤君もって冥すべし。

第5章　七一号六型エンジンの量産

I　壮大なノックダウン生産

MAS艇エンジンをコピー

イタリア魚雷艇MAS艇に搭載されていた主機械は、イソッタフラスキーニ社(Isotta Fraschini) W型一八気筒水冷ガソリンエンジンであった。

このエンジンと後述のパッカードエンジンは、推進機関として魚雷艇史上最も有名な舶用ガソリンエンジンである。

このイソッタエンジンを、三菱重工エンジン製作部門（丸子機器製作所）で分解スケッチし海軍規格に図面化したものが、海軍呼称「七一号六型」である。三菱ではYWGと呼んでいた。

七一号六型に関する記録は、ほとんど残されていない。わずかに渋谷文庫・生産技術協会・旧海軍資料の調査項目「魚雷艇用七一号六型九〇〇馬力ガソリン機械調達の経過」と三菱川崎機器製作所機械工場長・佐竹義利氏の「揺籃期の扶桑川機の回想」、艦政本部五部発行（昭和十九年五月）秘書類「七一号六型内火機械・構造並に取扱説明書」が残されているに過ぎない。

七一号六型エンジンに関し、佐竹氏の書き残された回想記には、以下のごとく述べられている。

このエンジンは、水冷式W型一八気筒一〇〇〇馬力の航空エンジンに逆転機とセルモーターをつけて舶用に改造した八七オクタンガソリンを燃料とするものであって、イタリアのイソタフラスキニー社製であった。これを艦政本部の命によりスケッチし、最初は丸子*で部品を造り川崎で組み立て試運転をした。丁度十七年二月十一日紀元節の朝、五〇時間の試運転を完了して万歳を唱えたものであった。

表1　舶用水冷エンジン比較

エンジン名称	94式水冷 航空エンジン	71号6型水冷 W型18気筒	パッカード4M-2500 (米国魚雷艇用)
シリンダー配列および数	W型18気筒	W型18気筒	V型12気筒
シリンダー内径	145	150	162
行程	160	180	165
シリンダー当たり ピストン押しのけ量（ℓ）	2.640	3.117	3.339
圧縮比	6.0	5.7	6.4
出力 全力　馬力 全力　回転数 過負荷　馬力 過負荷回転	 900 2,100 1,100 2,300	 950 1,800 1,050	 1,350 2,400 1,350
仕様燃料オクタン価	87	87	100
機関総重量（kg）	740*	1,500	1,336

注　＊舶用化の場合に補機、歯車機構など重量増加するので数値を単純に比較することは困難である。

＊引用者註：丸子機器製作所は戦前三菱重工の内燃機関の主工場。

生産遅延

昭和十六年度戦時建造計画に予算計上された魚雷艇「魚雷艇：甲、建造番号：六〇〇〜六一七、隻数一八（内七隻は建造中止）」の主機関として、このエンジンが登録されている。

予算決定時点において、完成期日を予定し船体の建造計画を進めたものであろう。前出「大型（甲型）魚雷艇の建造」の項で述べたごとく、七一号六型エンジンの生産は計画時予定より大きく遅延した。

旧海軍資料によれば、「川崎機器

に七一号六型エンジンの製造設備拡充を命じたのは昭和十七年六月であった。川崎機器で初めて実用機が完成したのは昭和十八年二月、同年十月頃までは月産三〜四台に過ぎなかった」と。

当時日本には、大馬力高性能の船用ガソリンエンジンを製造する能力は皆無に等しかったのだから、この生産量すら関係者にとって大変な努力の結晶であったに違いない。

ガダルカナル島攻防以後、魚雷艇の要望は加速度的に高まり、一挙年産四八〇台の施設拡充の示達が出され、三菱茨城機器製作所の新設(官設民営)を最優先工事として進められた。

MAS艇が搭載したイソッタフラスキーニW型18気筒水冷ガソリンエンジン。71号6型エンジンの原型である。

しかし、労働力や物資不足に加え工作機械、特に航空内燃機加工用機器は、すでに航空機部門すら充足することが出来ないほどに逼迫していた。当時日本最大を誇る三菱重工業といえど民間企業一社では、七一号六型エンジンの量産設備を整備することは不可能であった。

かくして海軍艦政本部は五部の統制下の官民工場を動員し、部品加工を分担させ、その完成部品を川崎機器製作所に集めた。川崎機器製作所でも主要部品を製作し、エンジン組み立てと試運転を行なう完成工場の役割を担当した。

これほど壮大なノックダウン生産方式の採用は、日本工業史上最初にして最後のものであろう。

艦政本部五部による統制生産方式

部品製作に参加したメーカーの数約五〇社——横須賀、呉、舞鶴、佐世保の各工廠、三菱長崎、神戸、横浜の各造船所、新潟、池貝、神戸製鋼、阪神内燃機、久保田鉄工、栗本鉄工等の造機系の他、日立亀有工場や長谷川歯車などに歯車系を、園池や津上製作所等に治工具、ピストンやピストンリング、発電機、気化器などを各専門メーカーに、分割発注された。

さらに佐竹氏の回想録は「これらの部品を川機に持ち込んで組立運転することになったが、各メーカーとも仲々直ぐには生産ができない。対策のため十八年一月*に、艦政本部の人々と川崎工場で朝の一〇時から翌朝五時まで徹夜の推進会議をしたり、それに続いて四〇日間の泊まり込みの文字通り昼夜兼行の作業が行われた」と述べている。

筆者は十九年二月後半、十八年末に呉工廠より転勤していた艦政本部工事受託班より五部勤務に移り、「七一号六型エンジン統制製造に関する業務」に就いた。この部門には、すでに担当者として平井顕技術大尉（海軍同期・短現）が孤軍奮闘していた。平井氏によれば、「大会議後、担当者を増強することになり、同期の仲間の席に現われる暇そうな工事受託班勤務の貴様を、助っ人に指名したのだ」という。伊藤君の自決半年後に魚雷艇関係の任務に就くとは、誠に不思議な巡り合わせである。

*註：これらの経緯と前出旧海軍技術資料中の「実用機が完成したのは昭和十八年二月、同年十月頃までは月産三～四台に過ぎなかった」とつき合わせると、大会議の時期は、佐竹氏回想記の十八年一月より一年遅い十九年一月が正しい。十八年一月は、佐竹氏の記憶違いであろう。十八年一月当時、平井技術大尉や筆者は青島で教育を受けていた。

工事受託班

やや本論を外れるが、戦時下の工業事情を理解いただくために、筆者が在籍した新しい組織「工事受託班」について述べておこう。

十八年後半より海軍の建造する艦艇は減り、海軍工廠の造艦設備は手空き状態になってきた。一方航空機はますます増産を迫られるが、設備の強化は思うように進まない。名案として提案されたのが、艦政本部五部傘下の工廠において、航空機関係の部品を加工して時局の要請に応えようというものであった。呉工廠造機部機械工場に勤務していた筆者に、曽我清大佐（機関）班長の元に新設された艦政本部五部工事受託班への転勤命令が出たのは十八年末であった。

新しい組織が出来てもすぐ忙しくなる訳ではなかった。もともと艦政本部五部関係の機械工場は、戦艦や巡洋艦、駆逐艦などの大型艦艇を造るように整備された工場であるから、航空関係の精密小物部品を加工するには不適当な工場であった。しかも小艦艇の建造は細々と続いていたのだから、工廠の小型機械は航空機部品と競合するので、受け入れ態勢は思うように進行しない。

傘下の民間工場とて同様であった。航空関係が加工委託したい部品と造機部門が受託できる部品の摺り合わせから始めなければならない手探りのような状態が、しばらく続いた開店休業に近い時期に、私は新任務に転ずることになったのである。海軍三ヵ年の軍務を振り返る時、工事受託班の短期間は、まったく空白である。仕事らしい仕事をしていなかった証であろう。

日本航空学術史編集発行の「日本航空学術史（一九一〇－一九四五）」に、工事受託班に関する以下のような記述がある。

昭和十八年（一九四三）に所謂艦本協力問題というのが持ち上がった。これは船を造らなくなった艦本の余剰勢力を大いに航空関係の生産に振り向けようという発案であった。実際は艦本系でも小型艦船は造っていたので、小型機械は元来能力の百分比からいっても小さい上に、皆全力運転で使っていて、一寸航空関係に使いようのない大型機が遊んでいるに過ぎず、主義は良いのだが実はその申し出に対して何をやって貰うかに苦労したようである。

これが実際に活用されたのは、〝紫電改〟の生産拡充時の生産治具の製作、〝ネ二〇〟の生産、薬液ロケット等に対してであった。

この時期、艦本五部は空冷航空エンジン以上に複雑な水冷エンジンの製造に、四苦八苦していたのだからまったく皮肉なものである。

悲観的な前途

閑話休題、筆者が新任務について程なく平井技術大尉は転出、筆者が豊田重夫技術中佐（京大機械工学科卒）の下で統制製造の推進役を務める唯一の士官になり、艦本五部と三菱川崎機器を往復する勤務が始まり、夜を徹して部品の入荷状況調査督促と機械組立の進行促進、各工場関係部門との打ち合わせなどに従事した。部品の入荷遅れ対策、隘路事項の解決など、民間企業だけでは力不足のところをバックアップするのが、私に課せられた任務であった。

当初筆者は、機械工学を専攻してこのような雑務をすることが、果たしてお国のために役立つのだろうか、設計製造部門に移りたいと、半ば懐疑的になり密かに悩んだ。たまたま出身会社の大先輩馬場条夫専務を訪ねた時、「イギリスが、本国から多量の部品を輸送し、これをインドで組み立てるノックダウンシステムを採用、この兵器のためにインド方面日本軍部隊は苦戦をしている」と教えられ、激励された。私は強い衝撃を受け、〝目から鱗が落ちる〟とはこういうことなのだと思った。心機一転、与えられた任務に最善を尽くして働くことを決意した。この強い衝撃は、その後の人生において終生変わることなき教訓となった。

川崎機器所長の武藤英二氏（東大機械卒）と副所長池上重徳氏（京大機械卒）は、大卒後二年足らずの若輩にとって雲の上的存在であったが、不肖の私に快く付き合っていただいた。仕事が一段落した夜半から、海軍支給のコッペパンを囲んでお茶の時間となる。川機の先輩と民間企業出身の若輩の肩の張らない雑談が、私にとって有益な時間となった。

海外滞在を経験している諸先輩は、英米の国情や技術力を周知しており、現在の戦争に勝ち目はなく、悲観的な前途を、それとなく仄めかされるのであった。

私自身、部品の生産や原材料の不足、エンジン生産の苦労が身に沁みているだけに、勝てる訳がないという考えは同じであった。深夜の茶のみ話を、「被害が拡大しない内に、何とか戦争を終結してもらいたい」という希望的結論で終えるのが常であった。最終テスト中のエンジンが轟々と唸りを上げる爆音を聞きながら、工場の宿舎に仮泊した当時のことが昨日のように思い出される。

若い士官から信望の厚く硬骨漢で知られた喜安貞雄技術大佐（高校、大学の先輩）に夕食をご馳走になる機会があった。魚雷艇エンジン生産の不振について話がおよんだとき、大佐は「出来ないものは出来ない」と激しい口調で、お前たちの責任ではないと話された。後日ほどなくして、喜安大佐は外地工作所長に転出された。会議で正論を述べる喜安大佐が、軍令部に睨まれたのだと、若い技術科士官連中は秘かに語り合った。

軍令部対艦本の魚雷艇に関する緊張した関係が存在したことなど、想像すら出来ない若輩であった。

喜安先輩は、「俺の海軍は艦本で終わった」と、戦後の海軍関係の会合に一切出席されなかった。

エンジン生産が困難を極めたこの時期、私は諸先輩から、その後の人生にとって得難くかつ素晴らしい多くの教訓を戴いた。

Ⅱ　エンジン生産の隘路

人、物資の不足

生産が少しく軌道に乗りだしたのは十九年五月以降ではなかったかと思う。しかし、月産四〇台の目標は遂に達することは出来なかった。戦局はますます悪化し、物資の不足は酷くなるばかり。主要部品の入荷をチェックしても、それだけでは生産数が判らない。余りにも問題が多過ぎた。思いつくままに、生産を阻害する要因と問題点を記し、戦争末期の厳しい状態について報告しよう。

生産遅延の原因がどこにあるのかと思案しながら灯火管制下の工場内を歩いている

と、工具室から「今村部員さん」と呼び止められた。（当時、海軍では士官を呼ぶ時「〇〇部員」というのが通例で、民間企業でも用いられていた）

工具室内に入ると係員は〝ボルト、ナットが予定通り入荷しない、何とかなりませんか〟という。

機械工場の工具室は、測定器や加工工具の保守管理と貸し出し、ボルト、ナット、ネジなどの常備品や切削油などの保管と出庫を任務とする部署である。

工場を回っただけでは、ボルト、ナットの不足が生産未達の原因になることなど、未熟な私は思いもつかなかった。架台、クランクシャフト、ピストン、変速機、電機部品などの主要部品を追っかけるだけでは駄目なのだ。

一本のボルト、ナットがなくてもエンジンは組み立てられない。社会も工場もまったく同じこと、それぞれの役目を果たす人たちによって構成されていることを教えられた。

下請け工場（現在は協力工場と呼ぶ）の状況を知りたいと、蒲田近辺の町工場を案内してもらった。小型旋盤が一〇台程度設備された町工場の主人は、切削油や油を拭くボロ布が入手出来ない、熟練作業者が疎開し不在、ボルト、ナットの素材を支給してもらっても製品を期限通りに収めることは不可能だという。

進行会議で議題に上らないのは、〝ボルト、ナット類の些細な部品が生産阻害の原因だ〟とは工場幹部としても言い辛かったに違いない。

十九年半ばには、戦争を支えるべき産業界はすでに戦局以上に疲弊し追いつめられていたのである。

代用資材の問題

ある時、三菱長崎で鍛造、三菱神戸で加工を終えて送られてきたクランク軸が梱包を開いたら、軸が真っ二つに折れていたという事件があった。

クランク軸の素材は高抗張力のニッケル・クローム・タングステン鋼であるが、昭和十九年に入るとニッケルの備蓄が底をつき、航空機エンジンの生産にも不足する事態となっていた。

ニッケルをマンガンで代用する鋼の研究がなされ、一部製品は代用鋼に置き換えられた。その代用鋼で試作加工されたクランク軸が、運搬中の振動で見事に折れていたのであった。ニッケル、モリブデン等の資材は極端に不足を来たし、エンジン生産の環境は戦局と共にますます悪化の一路を辿り、危機的事態になっていたのである。

当時のガソリンエンジンの中で、航空機用を含め七一号六型エンジンのクランクシャフトが特殊鋼を飛び抜けて多く使用する厄介ものであった。代替鋼の試作が急がれ、見事に失敗したという訳である。この資材不足がやがてエンジン生産中止の引き金になるのだが、渦中にある筆者は知る由もなかった。

以下に当時の素材逼迫状況を示す通達を参考までに記す。

「海軍艦政本部代用材料使用方針」

海軍艦政本部関係工事用材料ハ艦本機密第一五号ノ一二三四五不足材料代用節約要領ニ基キ左記方針ニ依リ次等材料ヲ代替使用スルモノトス

記

(1)特殊鋼

取扱容易ナル元素ヲ成分トスル特殊鋼又ハ鋳鍛鋼、普通鋼鋼材ニ転換スルモノトス

(イ)「ニッケル」「コバルト」「モリブデン」ハ特ニ不足甚ダシキヲ以テ此等ヲ主成分トセル特殊鋼ハ「シリコンマンガン」鋼「マンガンクローム」鋼「シリコンマンガンクローム」鋼、特殊炭素鋼ニ転換スルコト

(ロ)項以降は省略するが、各素材について詳細な代替え方針が述べられている。たとえば鉄鋼材を木製または竹製、合成樹脂への変更。銅または銅系材は鋼材、木材、竹、セルロイド、アルミニウム、亜鉛錫への転換等である。
各素材は、さらに得やすい下級資材への転換を細かく指示している。

加工精度の問題

十九年秋、月産四〇台態勢を確立すべく、艦本五部会議室において主要メーカー担当者を集め、増産対策会議を開いた。各社の当面する問題点、生産阻害要因は工作機械や物資、熟練作業員の不足等、各社共通の問題が議論された。特に深刻な問題は、部品加工精度と検査治具に関するものであった。

ノックダウンシステムは、定められた精度に加工した部品を精密な検査治工具で合否を判定し、良品を組立工場に集め、製品に組み立られるという前提で成り立っている。

ところが、そううまくことは運ばない。

やや専門的な問題であるが、高速で一〇〇〇馬力を伝達する交換接手を例に述べると、「精度の高い多くの歯車、軸、筐体を異なった工場で造り、これらの部品を取り纏め工場に送り、組み立て作業にかかると、組み立てが出来ない」という問題が生じた。

おのおの製作工場の責任者は、〝海軍から支給された検査用治工具で検査した合格品を出荷しているのだから、自社にミスはない〟といい張る。その部品検査用治工具の精度が、製品の合否を判定しうる精度に製作されていないのであった。一般的に測定具の精度は、被検査部品の精度より一桁高い精度を必要とするのであるが、精密加工機械はほとんど輸入機械のため不足し、精度の悪い日本製機械を使用しなければならないところに問題があった。

その他生産阻害の要因は枚挙に暇ない状態にあったが、各社の担当者はこれらの隘路を克服し、エンジン生産に献身的努力を傾注していただいた。しかし、月産四〇台態勢どころか三〇台の生産を継続することすら困難であった。

エンジン製造に払った各企業の努力が、戦後、精密機械工業発展の基礎となり、花開き結実したのである。

七一号六型エンジンの製作中止

戦局はますます厳しくなる状況下で、三菱茨城機器製作所の建設が進展し、武藤所長が茨城機器所長に転出、池上氏が川機所長となり、生産体制は強化されたごとくであった。

しかし、目標の達成にほど遠く、やがて十九年も暮れる頃、二十年一月五日付けで、筆者は海軍省軍需局に転勤を命ぜられた。後任引き継ぎのない寂しい転出であった。てっきり生産不振の責任を問われた、現在でいう「配置転換」であろうと最近まではそう信じていた。

前出旧海軍資料は、次のように述べている。

七一号六型機は航空空冷発動機の二倍のアルミニュームを必要とするのと航空機及び水中特攻兵器の製造に専念することとなり、昭和二十年一月、本機の製造を取りやめた。本機製作のために一〇〇〇台分の素材手配がなされたが、エンジンの総生産台数は昭和十八年十月より二十年二月までの間に三四〇台、月平均二〇台、最高月産三五台であった。さらに本機調達経過を省みて特に痛感することは、

(い)　魚雷艇と航空機の価値を国家的見地より比較検討して、日本としては魚雷艇機関としてかくのごとき高級機の製造は断念すべきであったこと。

(ろ)　い項を無視して本機を製造する場合でも当然航空発動機製造設備を使うべき

であった。(引用者も同意見であるが、当時の状況から航空機製作部門の協力を得ることはまず不可能であったと思われる)

(は) 所要治工具の準備無くして量産することは徒(いたずら)に製造目標と実績の差を大ならしめ作戦上の齟齬を来すのみである。

(に) 同一部品の機械加工を全国的に数ヵ所で下請けせしめることは治工具の準備を至難ならしめ且つ輸送遅延誤作増大の因をなす。

筆者が艦政本部を去ってほどなく二十年一月、池上所長が工場内で夜間に突然倒れ、逝去されたという訃報が伝わって来た。ご指導を頂いた温厚にして誠実な人柄の池上氏を偲び、ご冥福を祈った。まさに現在でいう過労死である。

氏は魚雷艇の戦いに命を落とした兵士や魚雷艇工事遅延の責任を執り自決された伊藤高君らと共に、永久に記憶さるべき人物である。

敗戦後、軍の命令により魚雷艇のエンジンや部品はすべて構内の深い池に投げ込んでしまったと佐竹氏は述べているが、同時に設計図や生産額などすべての記録も焼却されたのであろう。

なお三四〇台のエンジンが、海軍工廠(あるいは工廠傘下の民間造船所)に送付され、いかに魚雷艇に搭載されたのか、正確な記録を辿ることは今や不可能である。

Ⅲ　七一号六型エンジン搭載艇

艇の完成時期

待望の七一号六型エンジンが性能テストを完了、海軍工廠や造船所に発送されて、新鋭艇に搭載され、艤装試運転完了後に各戦闘部隊に配置された時期は、昭和十九年五月であったと推定される。海軍艦政本部発行の「七一号六型内火機械・構造並ニ取扱説明書」の発行年月が、昭和十九年五月である。エンジン発送の前に、取り扱い説明書が実施部隊に配布されたと考えれば、妥当な推定であろう。

六月十二日、佐世保に集結した第二五魚雷艇隊には、七一号六型を搭載したT－25型、T－35型計一二隻が編入されている。この時期は、イタリア艇の導入以来約四年(三年一〇ヵ月)、三菱川崎機器製作所において、試作第一号エンジンが完成してより二年強の年月を経過したことになる。エンジンの難産や故障等、実用化までにも多くの困難があったことを物語るものではなかろうか。

戦時下の困難な時期に、新技術に挑戦した関係者不眠不休の努力に心から敬意を表したい。

魚雷艇のスクリューについて

中瀬太一氏（昭和十五年東大工学部船舶工学科卒、平成十二年逝去）は、海軍短期現役技術科士官（第七期）として呉工廠造船部勤務後、三菱長崎造船にて艦艇の性能計算と海上試運転の成績計測を担当された。

氏は三菱長崎における魚雷艇に関する業務について、筆者に次のような書簡を寄せられた。

十八年頃より艦艇の新造は減り、戦傷を受けた艦艇の修理が主体となってきた。その頃、艦政本部四部から魚雷艇建造の話が持ち込まれ、特に魚雷艇用プロペラの最良のものを決定したいので、そのテストをしてくれとのことであった。高速艇用プロペラの設計基準は、未だ作られていなかったので船舶試験場と協議の上、数種類のプロペラを作り、これを基準として海上テストを実施した。

船体ははじめT－25型（一軸艇）でした。後からT－35型（二軸艇）のテストをした。最初、基準に選んだプロペラは、いずれも艇体にマッチせず、海上テストの結果は散々であった。ハードチャイン（V型）船型では、速力が増加していく途中に抵抗のハングがあり、これをどう乗り切るかがプロペラ設計のポイントになっていることに気付いた。これらのテストのため約一年間、魚雷艇の海上試運転に付き合いました。その時の設計や成績表は、今では何もなくしているので具体的なことをお知らせすることは出来ません。その時の試験用プロペラの中から実艇（T－25、T－35）のプロペラが選ばれたことは間違いありません。

最後の魚雷艇T－14型

T－25型艇は、既述のように昭和十九年五月に編成された第二五魚雷艇隊へ配属され、後にフィリピン海域に出動している。

T－14型は、三菱長崎造船所で十九年の秋から冬に試作完成後量産されたハードチャイン型の小型艇で、T－25を改良したものであった。耐波性も良好で三五ノットを出し、小型艇として活躍した。スクリュー研究の成果も大いに寄与したことであろう。

このT－14型は、第二七魚雷艇隊に所属し戦果を挙げた日本海軍唯一の魚雷艇である。終戦まで、T－14型魚雷艇は、震洋艇隊の指揮艇として用いられたといわれているが、詳細は不明である。

図7　T－14型

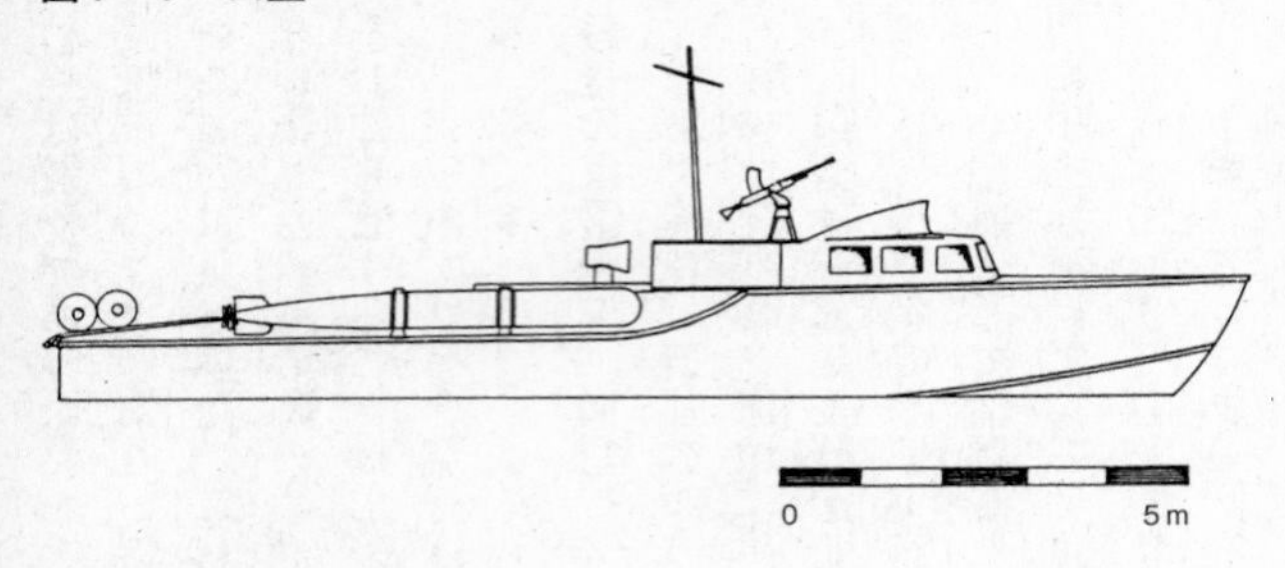

表2　日米開戦時および初期の各国魚雷艇

国　　別	日本海軍		米国海軍	英国海軍	伊国海軍
型	T－1	T－14*	PT103	MTB103	MAS562
製造年	1941	1944	1941	1942	1941
設　計	海軍艦政本部		エルコ	ヴォスパー	バリエット
建造所	横浜ヨット	三菱長崎	同上	英米各社	同上
全　長（m）	18.300	16.000	24.460	21.654	18.700
幅　　（m）	4.300	3.600	6.274	5.855	4.700
深　さ（m）	2.100	1.600	2.680	2.430	1.500
吃　水（m）	0.650	0.621	1.543	1.524	
排水量（t）	20	14.5	45.0	43.0	29.4
速　力（kt）	38	33	41		43
主　機	94式水冷	71号6型	パッカード	パッカード	イソッタフラスキーニ
軸　数	2軸	1軸	3軸	3軸	2軸

注　＊T－14は日本海軍最後の魚雷艇。

七一号六型エンジンの総生産台数三四〇基の内二七二基が、巻末付録Ⅲに示す工廠および造船所に送られて、魚雷艇に搭載された。残余のエンジンの確たる消息は、終戦時の混乱により不明である。

日本海軍は第二次大戦中、速力四〇ノットに達する魚雷艇をついに建造し得なかったのである。

軍艦や潜水艦では、優れた戦闘能力を持つ艦艇を建造したが、付け焼き刃の工業力ではすべてがうまくいくというわけにはいかなかった。まして用兵部門の戦略ミスがあってはなおさらのことである。本土決戦が近づくに従って、魚雷艇は震洋艇等の特攻艇へと切り替えられ、その使命を終えた。

Ⅳ　イタリアの魚雷艇とその歴史

初期の魚雷艇

最後にイタリア魚雷艇について述べておこう。

イタリアの魚雷艇第一号は、ヴェネチアの造船所において一九一五年に進水した、ＭＡＳ１である。「ＭＡＳ」という呼び名は、Motoscafo Armato S. V. A. N. (Societa

イタリア魚雷艇の嚆矢となったMAS1。MAS艇は第一次世界大戦で最も活躍した魚雷艇である。２本の魚雷は、艇の後方へすべり落として発射するようになっていた。

Veneziana Automobili Navali）の頭文字を取ったもので、直訳すれば「SVAN造船会社製武装モーターボート」となる。後に正式名称を、Motoscafo Anti-Sommergibile（対潜モーターボート）と変更された。ドイツでは魚雷艇をSchnellboote（Sボート）と呼称した。Torpedo（魚雷）という名称を用いたのは、英米日であった。もともと英国海軍の流れをくむ日本海軍は、古くよりPTという名称を承知していたからであろう。

さてこの一号艇の要目は、長さ一六メートル、排水量一二・五トン、機関イソッタフラスキーニ（Isotta Fraschini）L56ガソリンエンジン二基、出力四五〇馬力、電動機一〇馬力、速力（ガソリンエンジン〕二三ノット、〔電動機〕四ノット、航続距離二三ノットで一六〇マイル、四ノットで二〇マイルである。兵装は、四五〇ミリ魚雷二基、三七ミリ機銃一基、乗員八名であった。

欧州諸国は第一次大戦前よりそれぞれの作戦海域の戦略に従って、駆逐艦、潜水艦、魚雷艇等の性能向上や整備に力を注いだ。第一次大戦中に最も活躍した魚雷艇は、イタリア海軍のMAS艇である。

初期のイタリア魚雷艇は全長一六〜二一メートル、兵装として二本の魚雷を装備し、トップスピード三三ノットで航行した。第一次大戦中のMAS艇は、アドリア海域において、オーストリア海軍に対抗し、一九一七年十二月九日、軽巡洋艦ヴィーン（Wien）をトリエステに、一九一八年六月十日未明、プレームーダ島の海峡において、戦艦シュツェント・イストファン（Szent Istavan）を撃沈するという大戦果を挙げている。

一九一五年から一九一八年十一月までにイタリアが建造した魚雷艇数は四二二隻、その内二四四隻が就役した。

第二次大戦開戦時、保有隻数世界第一のイタリアには、一〇〇隻以上の魚雷艇が就役していた。イタリアのエチオピア侵入に反対する英国地中海艦隊の作戦を封じたのは、この魚雷艇群の圧力であったといわれている。

イタリア艇は、地中海やアドリア海等の穏やかな海域で使用するため、英独米艇に比べ小型軽量、イソッタフラスキーニ社製船用水冷エンジンを搭載し、世界のどの魚雷艇よりも速く、四五ノットを保持した。

イタリア魚雷艇は、SVAN社（ヴェネチア）、バリエット（Baglietto）社（Varazze）等主力の造船所以外に、チレニア海やコモ湖沿岸、アルノ河畔の造船所、さらには米国エルコ社（Elco）にも発注製作された。

ちなみにエルコ社に発注されたMAS艇は、船長四三・八一メートル、排水量四三・八トン、速力一七ノットの大型艇である。本来のイタリア魚雷艇とは異なるが、十七～十九年に進水した同種艇は、MAS63～90、103～114、253～302、377～396の一〇八隻である。

このエルコ社こそ、第二次大戦中に最も活躍した米魚雷艇を建造した造船所である。

第二次大戦時の魚雷艇

一九二九年に就役した船長一六メートル、排水量一三・八トンのMAS423を建造したSVAN造船所は、当時トップの位置にあった。この舟艇には、イソッタフラ

1939年9月に完成したMAS532。MAS502をやや拡大した526型の1隻。地中海のおだやかな海での行動を前提にした伊魚雷艇は、米英独の魚雷艇より小型であった。

スキーニＡｓｓｏ５００エンジン三基搭載、出力一五〇〇馬力に強化され、スピードは四〇ノット、六・五ミリ機銃二基と四五〇ミリ魚雷二本を装備した。この艇は一九三〇年代初期に建造された小型魚雷艇の基本モデルとなった。後にエンジン馬力の増加により、速力向上と爆雷装備が追加された。

一九三六年建造のバリエット社製ＭＡＳ５０２は、さらに船長一七メートル、排水量二一トン、エンジン出力二〇〇〇馬力に強化（イソッタフラスキーニ一〇〇〇馬力×二）され、速力四二ノット以上、一三・二ミリ機銃と四五〇ミリ魚雷二本と爆雷六個を装備した。乗員定数は九名であった。

この502は、MAS513、MAS526、MAS536シリーズの基礎となり、長さ一八・七メートル、排水量二五・五トンに増強された。一九三九年まで建造され、第二次大戦開始時のイタリア魚雷艇隊を形成した。

これらの艇は、浅瀬の沿岸海域において高速で高効率であったが、荒波に耐える能力には限界があった。

その後、遠隔地に対する軍事行動の必要性より、ドイツのSボートに習って、一九四一年に大型魚雷艇MS艇を開発した。MS11～MS36は全長九〇フィート、排水量六三トン、三基のイソッタ・エンジン（出力三四五〇馬力）を装備、速力三四ノット、二～四梃の二〇ミリ／六五機関銃、二一インチ魚雷二本、一二～二〇個の爆雷を装備した。

さらに魚雷艇は大型化していくが、最後に計画した九〇トン級の魚雷艇は建造中、敗戦の混乱時にドイツ軍に捕獲され、後にドイツ海軍のモーターランチとして使用された。

＊註：本項の記述は、Bryan Cooper "The Battle of The Torpedo Boats" と Erminio Bagnasco "M. A. S. E Mezzi D'Assalto Di Superficie Italiani" を参考にした。

第６章　特攻艇「震洋」

「造艦技術の全貌」の中で福井静夫元海軍技術少佐（造船）は震洋艇に関し、以下のように述べている。

　昭和十九年四月、軍令部は艦政本部および航空本部の技術陣に爆弾的な提案をした。即ち特殊な攻撃艇と兵器よりなり〝之だけあれば必ず頽勢を挽回出来るし、之なくしては必ず負ける〟と称して九項目のものが順次㊀(マルイチ)から㊈(マルキュウ)まで仮称の下に提案された。この中完成したのは㊃(マルヨン)と㊅(マルロク)だけであり、試作の上一応出来上がったが実用に供し得なかったのが㊈であった。㊃艇は『震洋(しんよう)』と呼称された海軍唯一の特攻舟艇である。

この舟艇は、艇首に爆薬を積んで、敵上陸時、好機に乗じて敵艦船に突撃体当たり攻撃を行なう特攻艇である。日米開戦当時、潜水艦乗組の若い士官より同じ様な構想の特攻艇が提案された。当時は非人道的という理由で、採用にいたらなかったといわれている。

同じく、伊藤勇雄海軍技術少佐（造機）は生産技術協会資料（渋谷文庫）に「旧海軍震洋機関関係の研究整備経過」と題し、以下のごとく貴重な資料を残している。

Ⅰ　伊藤技術少佐資料より

震洋艇の誕生

昭和十九年三月下旬、戦況次第に不利となり防御の最後的手段として種々の特攻兵器製造の案が軍令部より提示された。艦本四部より対案として、次の三案を提案した。

(イ)三〇馬力程度の船外機を装備して速力約三〇ノットを出すもの
(ロ)自動車用発動機一台を装備して速力約二八ノットを出すもの
(ハ)水中翼を有する艇、二三〇馬力程度の船外機を装備して速力四〇ノットを出す

図８　特攻艇「震洋」

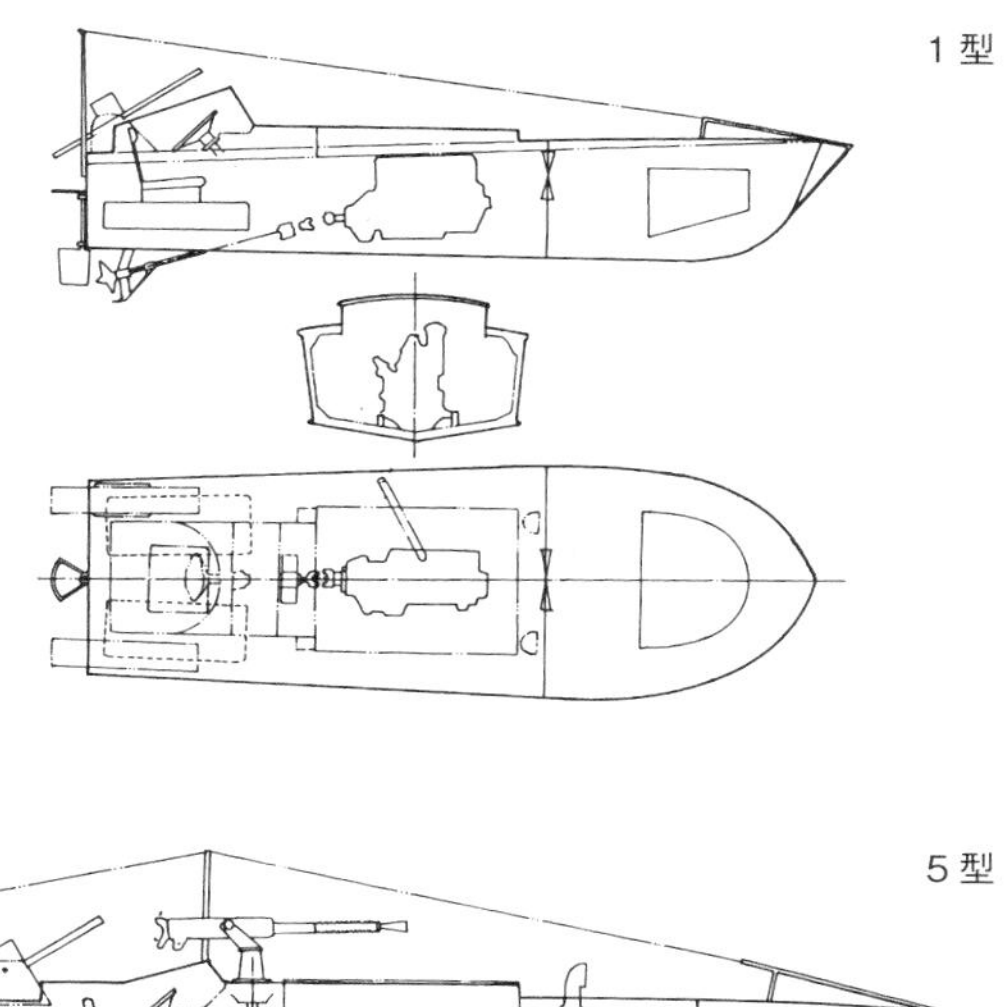

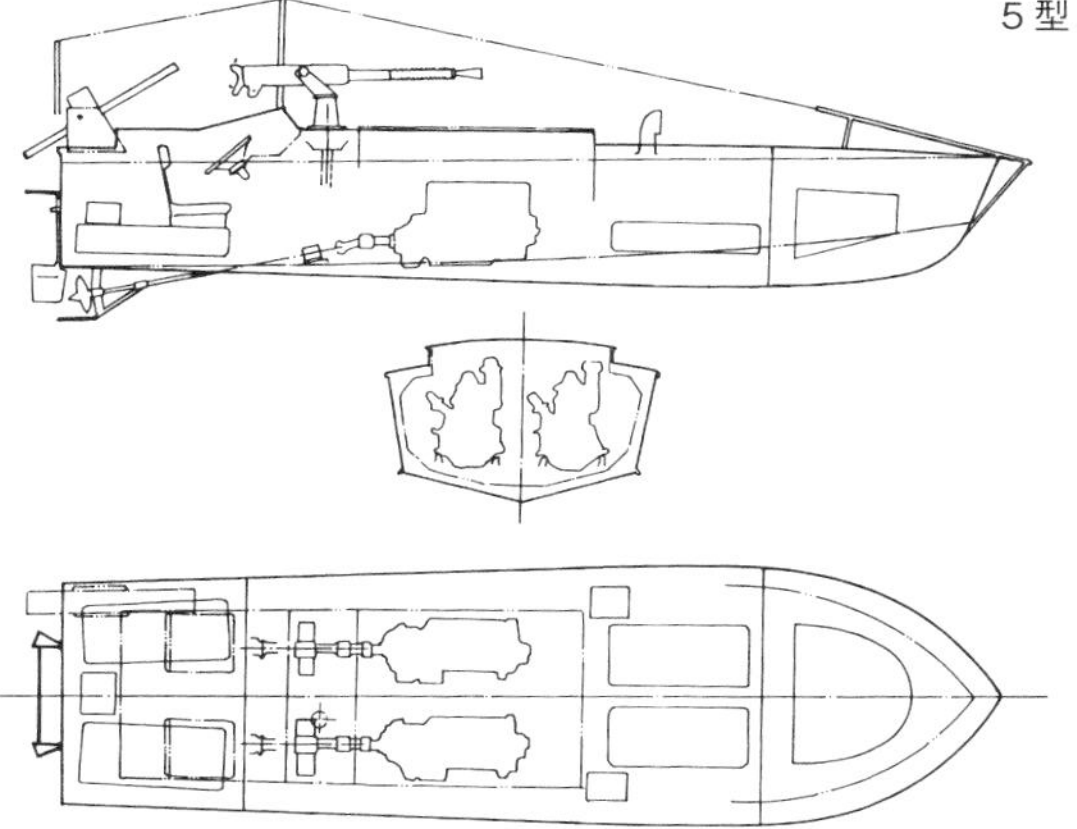

もの

実現の容易なものとして(ロ)を選定し自動車用発動機を装備することに決定、ただちに量産試作に入った。

試作艇の完成目標を五月二十七日の海軍記念日として進行し、関係者全力をあげての努力により概ね予定通り完成した。試作艇の入念な性能試験や実用試験が行なわれ、部隊における使用実績が明らかとなるに従って、船体・機関に種々の欠点が発見され、次々と図面改訂が行なわれ、量産に幾多の混乱を及ぼした。

一軸艇の製造がようやく軌道に乗りだした昭和十九年十月頃、この艇の指揮艇として耐波性並びに速力が優れた二軸艇の要求が出された。

これに応じて二軸艇が計画試作された。以前の経験より船体、機関部共に著しく改良されたので、試作の結果は評判よく、ただちに一軸艇の半数程度を毎月生産することになった。一、二軸艇をそれぞれ震洋一、五型と称することになった。

魚雷艇建造中止により、この代用艇として自動車用発動機三台を装備した震洋八型を計画したが、予期する速度が得られず艇の実用化は行なわれなかった。

＊註：艦本は正式提案以前に、特攻兵器を検討していたと考えられる。関谷徹技術大尉（筆者友人、造船・短期現役）は、筆者と同時期の十八年末に呉海軍工廠造船部より艦政本部四

部（造船部門）魚雷艇班に転出した。しかし、彼の担当業務は魚雷艇関係でなく、㊃艇などの小型特攻舟艇の設計であったと、氏から情報をいただいた。当時から正式議題になる前に担当部門間の根回しが完了していたに相違ない。

搭載エンジンの選定

海軍の諸舟艇に自動車用ガソリンエンジンを多数用いていたので、トヨタ自動車のKC型発動機を選定した。このエンジンの最大出力一二時間の連続運転テストの試験結果は次の成績である。

回転数　　三二〇〇
出　力　　七〇～七三馬力
使用燃料　普通ガソリン

ちなみに日産自動車のエンジンは同等以上の性能を示したが、陸軍が多数採用していたので、海軍が使用する余地はなかった。

出力を増大するために圧縮比を増大し（五・七を六・四に改良）、高オクタン価燃料（普通揮発油に四エチル鉛を添加、オクタン価八〇に改良）を使用、回転数三二〇〇、出力七五～七八馬力と好成績を得た。耐久テストでも問題なく、トヨタ自動車エンジン採用と決定した。

量産製品を使用した結果、エンジンの供給は順調に推移し、舟艇増産も急速に立ち上げることが出来た。

しかし、トラブルが皆無というわけではなかった。

予想以上の長時間訓練時に、整備作業の手抜きなどによる故障が続出した。部隊側より耐久力増大の強い要求が出されたが、大量生産品の改造は実現極めて困難であり、その原因は整備不良に起因することが明らかであったので、造機部門は、部隊要求をほとんど握りつぶした。

艇の増産と隘路

艇の製造所は、横須賀、広、舞鶴工廠、三菱長崎、トヨタ刈谷工場、日本車輌、日本造船鶴見工場同じく山下工場、木村工作所、墨田川造船工作所、神奈川船舶工業所、横浜ヨット銚子工場等であった。

これらの造船所中、造機能力の充実した海軍工廠と三菱長崎、日本車輌等は、図面を無視した勝手気ままな工事と工事上の不注意のため粗製艇を造った。他の造機能力を持たない各造船所の艇は、粗製濫造の極みで、担当者の席が温まる暇がなかった。

不良個所の具体例を示すと、

(イ)図面指定以外の自己流の簡易型を使用――ハンドル、クラッチ装置など
(ロ)機械調整を行なわず納入――出力不足艇の納入。運転試験法の規定を守らない
(ハ)機械据え付けボルトの一部欠落
(ニ)燃料タンクおよび管の漏洩
(ヘ)二次電池全放電でエンジンかからず

といった状況であった。

これらの現象は、一企業の問題でなく、疲弊しきった国力や民力の現われに過ぎなかったのだ。一本のボルトがなくても艤装は完成しない。それでも納期完遂の至上命令を守るために、最大の努力と無理をするという事態は、戦争末期のごくありふれた事象であったに違いない。

昭和十九年五月に建造が開始されてより、毎月平均二五〇台のエンジンが一型と五型とに分け装備された。昭和二十年五月、本艇用燃料供給不能のため、艇の建造は中止されるに至った。

Ⅱ　震洋隊の構成と配置

震洋特別攻撃隊は一型艇の場合、一二隻を一艇隊として四艇隊をもって震洋艇隊を編成、そのほかに整備隊、基地隊を加え、総計一八〇名で編成された。

五型艇の場合は、一艇二名搭乗、一隊二四隻、一部隊三艇隊で編成された。

特攻出撃を行なった部隊、第七、八、一〇、一一、一二、一三部隊は昭和二十年二月二十日、コレヒドール島にて戦死、第二二震洋隊は沖縄にて戦死。

そのほか進出途中、敵潜水艦などの攻撃により海没せる震洋隊六隊、残余の艇第一～一四七隊は、本土決戦に備えて国内各基地に配属されたまま、敗戦を迎えた。

水中特攻艇として蛟龍（こうりゅう）、海龍、回天等が建造配備されたが、ここでは触れない。

なお陸軍においても同時期に、震洋艇と同機能の攻撃用舟艇を多数建造し、フィリピンの米軍上陸時に震洋艇と共に反撃出撃している。

陸軍では攻撃用舟艇を秘匿名称㋹（マルレ）艇または連絡艇と称した。

松原茂生著「陸軍船舶戦争」によれば、陸軍は海軍以上に小型舟艇の開発に熱心で、かつその発想にも興味深いものがある。世界で最も優れた上陸用舟艇を持っていた陸軍は、国土防衛用舟艇について、海軍頼むに足らずと考えたのであろうか。陸海協調不一致の様子をここにも見ることが出来る。

敗戦間近にして、筆者と同年代の有為な若者が、航空機、震洋、陸軍㋹艇などの特攻兵器によって、尊い命を国家に捧げたことは、誠に痛恨の極みである。

第 2 部

日本海軍
魚雷艇隊戦闘記録

ガダルカナル島攻防以来、米海軍魚雷艇の目覚ましい活躍にくらべ、日本海軍魚雷艇は戦闘海域への展開が遅れ、華々しい戦果を上げ得なかったことは既述のとおりである。

魚雷艇隊が本格的に編成され、フィリピン、ラバウル、沖縄、硫黄島、九州方面海域に順次配置されたのは、太平洋海域の戦況が米軍優勢に傾いた昭和十九年五月以降のことであった。

南方海域に展開した魚雷艇隊は、敵の制空権下で活躍する機会に乏しく、出撃待機中に空爆や砲撃により戦わずして多くの艇を失った。最後は南海の島々にとどまったまま陸戦に移行、密林に身を潜め、病魔や飢餓と闘いながら敗戦を迎えるに至った。

彼ら隊員の多くは、輝かしい戦果を残すことなく、また報道されることもなく、南海に散華していった。

戦後に生き残った魚雷艇隊員たちの回想録を繙く時、筆者と同年輩の若者たちが嘗めた数々の苦労や不屈の精神力と清らかな人間性を知ることが出来る。

まさに埋没しようとしている魚雷艇隊の戦闘記録を纏め、報告する所以である。

第1章　第二五、第一二魚雷艇隊比島戦記

昭和十九年五月八日、第二五魚雷艇隊編成が発令された。

指揮官　司令・丹羽俊雄少佐（第一二魚雷艇隊司令兼務）
所　属　第四南遣艦隊（司令部アンボン）
配　置　ハルマヘラ島カウ、アンボナイ島アンボン

行動の概要は次のとおり。

六月二日、第一次進出部隊として、堤保夫以下基地隊および山形少尉以下魚雷艇四六〇（艇長・神尾兵曹長）、四六二号（艇長・吉里上等兵曹長）は軍艦「能登呂（のとろ）」に

便乗、佐世保出港。

六月十二日、第二次進出部隊として木村隼雄大尉以下残余艇は、捕鯨母船「第二図南丸」に便乗し、六月十九日、佐世保を出港した。

「第二図南丸」には第二五、第一二魚雷艇隊員の他に、仏印やシンガポールへ行く多数の軍属や戦地慰問隊等も乗船していた。

艦隊を組み軍港を華々しく出港する緊張感とは異なった感懐を抱きつつ、隊員たちは佐世保港を後にした。

第二五魚雷艇隊員の二等機関兵曹井原高一（平成十三年春逝去）は、南に向かう「第二図南丸」の甲板に立ち、長年住みなれた第二の故郷佐世保と弓張岳（ゆみはりだけ）が遠くに去ってゆく景色を眺めながら、郷里のこと、海兵団の厳しい教育、駆逐艦「望月（もちづき）」時代の訓練、鎮海防備隊時代、魚雷艇の実戦訓練などを、走馬灯のように思い浮かべた。そして南方水域の激戦に思いを馳せ、若い血をたぎらせるのであった。

井原高一氏が海兵団入隊から敗戦にいたる体験を克明に記録した「私の海軍戦記」は、海軍兵士の訓練や生活、魚雷艇隊誕生の時期、戦争体験などを知りうる貴重な記録である。

同時に井原氏より拝借した第二五魚雷艇隊員たちが戦後記述した回顧録「ゆみはり集」は、海軍魚雷艇隊員の貴重な戦争体験記であり、後世に残すべき歴史的資料である。同じ海軍の飯を食った筆者にとって、誠に感懐つきない回想記でもある。

この二冊の回想記をもとに、井原氏の海軍生活体験と第二五魚雷艇隊員の行動を追跡記述することにした。

I　ある魚雷艇隊員の記録

井原隊員の生い立ち

満州事変に続いて支那事変と中国大陸に侵略を拡大し、日本の軍国主義は次第にエスカレートした時代に育った筆者と同年輩の若者たちは、少年志願兵から徴兵、さらに召集兵として、戦場に赴いた。

井原は、軍国日本の青年たちが歩んだ同じ道を辿った。村の高等小学校から青年学校を経て憧れの海兵団に入団、駆逐艦乗りから魚雷艇隊員として、第二次世界大戦を戦い、幸運にも生還し得た海軍兵士であった。

井原高一は、大正七年（一九一八年）九月二十一日、下分村に生まれた。現在は、瀬戸内海燧灘（ひうちなだ）の沿岸の紙の町・川之江市である。川之江市は、香川県と接する東予宇摩郡の東端の町村、戦前の川之江町、上分町、金生村等六ヵ町村が統合して生まれた市である。

戦国時代より、四国山脈の支脈法皇山系を源に内海に注ぐ金生川沿いの街道は、土佐から阿波を経て瀬戸内に抜ける、戦略的にも重要な道路であった。この道路に沿って発達した六ヵ町村は、和紙以外主たる産業のない半商半農漁業の町村であった。当時、比較的裕福な家庭の子弟は中等学校に進み、ごく貧しい家庭の子弟は小学校卒業と同時に、大阪方面に丁稚奉公に出た。多くの子供たちは高等小学校を出た後、阪神方面に職を求めて郷土を出るのが普通であった。

井原は、青年学校本科三年と研究科を卒業し、地元の製紙工場で働くという恵まれた少年期を過ごした。

徴兵検査

昭和十三年六月、満年齢二〇歳に達した時、日本に生をうけたすべての男子に課せられた兵役の義務により、彼は徴兵検査を受け、見事甲種合格を宣言された。ただちに彼は、かねて志望の海軍入隊を申し出た。

別室で色盲検査と学科試験を受け、海軍入隊の可否不明のまま、甲種合格を土産に意気揚々と我が家に帰った。

当時は徴兵検査の甲種合格者はもちろん、乙種合格者も兵役に服することが義務づけられ、戦時色はますます色濃くなっていた。さらに第二次大戦末期には、丙種合格者も召集動員される国民皆兵の時代であった。

徴兵検査の立ち会い官（徴兵官）は陸軍軍人で、合格者の中から一定数を海軍に割り当てる任務を課せられていた。甲種合格者の中から、海軍希望者が優先的に振り向けられたのであろう。下って同年十一月、待望の甲機関兵九番の兵籍通知が届き、希望の海軍に入れるだろうかという井原の心配が歓喜に変わった。

当時、海軍の一般兵員は、少年志願兵（一七歳）と徴兵者からなり、その比率は半々であったといわれている。海軍に入隊するには、海軍兵士としての体力はもちろん、優れた運動能力や敏捷性、艦船を動かす機関や兵器を理解し得る優秀な知能が要求された。

筆者の小学校同級生にも、海軍航空兵を志願し、後に戦死した抜群の友達がいた。井原もまた郷里の期待を背負って軍務につく好青年であった。

翌十四年、「佐世保海兵団・一月十日入団」の令状を受け、一月八日朝、村民の歓呼の声に送られ、郷里を後に佐世保へ向かった。

海軍兵学校や機関学校などの生徒を実技訓練指導する教官は、海兵団で鍛えられた優秀な下士官や士官であった。私たち技術科士官も、同じく彼らから訓練を受けた。徹底的な猛訓練を経た海兵団出身の下士官や特務士官（後に階級制度の改定により⊠特務⊠の二字は抹消された）は、まさに尊敬すべき優れた人たちであった。

「海兵団出身の下士官・士官、彼らこそ正に帝国海軍を作りあげ、大戦において最も活躍した基幹軍団であった」と考える海軍出身者は実に多い。

海兵団から艦隊勤務

当時、四国川之江から佐世保へ行くには、高松、岡山、下関、門司を経由する鉄路に、二度の連絡船を乗り継ぎ、二十時間余を必要とした。

一月八日一〇時、歓呼の声に送られて郷里を出発、翌九日六時過ぎに佐世保駅に着く。西国の一月ではまだ日の出はなく薄暗く寒い朝であったが、駅には国防婦人会等多くの人たちが、日の丸の旗を振って出迎えてくれた。担当下士官の案内で、指定旅館に旅装を解く。朝食が終わると、ただちに係官に引率され、海兵団に赴き精密な身体検査を受ける。心配した身体検査も無事パス、明日の入団に備えて旅館に帰り、旅の疲れを癒した。

明けて十日、四国、九州出身の新兵千数百人の入団式が行なわれた。井原は四等機関兵を命ぜられ、五ヵ月間の海兵団訓練生活が始まった。

新兵の訓練教育は、陸海軍を問わず厳しいこと、巷間伝えられたとおりであった。井原も同年兵と同じく、鉄拳や棍棒の制裁を受けながら五ヵ月間の猛訓練を無事終了し、三等機関兵に昇進、軍艦マーチに送られ退団、駆逐艦「望月」に乗艦した。

新参の三等機関兵は、ここでもまた古年兵にしごかれながら、機械器具の整備、推進軸や推進器（スクリュー）、汽缶の掃除手入れから始まり、汽缶の燃焼訓練などに明け暮れ、一人前の機関兵として成長していく。

ようやく艦隊勤務に慣れた頃、新兵が入り教育としごきに力が入る。新兵に対するしごきともいえる訓練は、戦闘という厳しい極限状態に置かれたか弱い人間が、戦い抜く精神力を身につけるめに必要な修行ではなかろうか、と筆者は考える。

米国海兵隊の猛烈な新入者教育あって、世界に冠たる兵団が出来上がったのである。往々にして我が国の軍隊教育のしごきには、陰湿な私恨的感情が存在したといわれているのが大変残念である。

佐世保湾外の戦闘訓練では、全缶燃焼開始、最高速力四〇ノットの航行中、艦砲の発射音とボイラーの燃焼音が、缶室を大音響に包む。艦の全機能を発揮する実戦訓練は、機関兵にとって、緊張と気力が充実する得難い体験だったと、井原は述懐している。

水雷戦隊は駆逐艦四隻が一隊を組み、敵艦船に水雷攻撃や砲撃をしかける海の強者である。機関員たちは、司令から発せられる戦闘速度を忠実に守り、優位な戦闘隊形が取れるように、汽缶の燃焼技術向上のため訓練を重ね、燃料系統の整備保守に日夜努力していたのである。

艦隊訓練

十五年二月、井原は実戦訓練を終えると、南洋委任統治領のサイパン島、テニアン島、トラック島方面への警備を兼ねた艦隊訓練に出港した。

水上機母艦「千歳」を旗艦とし、駆逐艦数隻で編成された第三〇駆逐隊は、佐世保を出港し横須賀を経由、第一目的地サイパン島へ向かった。外洋に出ると、何日も陸地の見えない航海が続く。山のように襲いかかる太平洋の荒波は、瀬戸内に育った井原には初めての体験であった。

酷い船酔いで血反吐を吐く同年兵のいる中で、幸いにも井原は食欲不振程度の船酔いで切り抜けることができた。

やがて紺碧の空と海に、タポチョウ山が見え、爽やかな潮風が吹くサイパン島に入港した。椰子の茂る緑の島は、この世の楽園かと思われた。軍艦マーチを吹奏する軍楽隊を先頭に、沿道に並び日の丸の小旗を振って盛んに歓迎する島民の人垣を分け、堂々と上陸行進すると、航海の苦労はすべて吹っ飛んでしまうのであった。

サイパン島を後にさらに南下、トラック島へと航海訓練は続く。帰航の途中テニアン島に入港上陸を許された井原らは、特産の砂糖をしこたま仕入れて、佐世保軍港に帰投した。時すでに、四月の中旬であった。

当時日本は、支那事変を戦っていたが、厳しい世界大戦の足音はまだ聞こえなかった。四年数ヵ月後に、平和なサイパン島が、島民一万人と日本軍三万人が、玉砕する悲劇の島になるとは、井原をはじめ何人も予想し得なかった。

日米開戦

艦隊訓練が終わり一五日間の休暇を許された井原は、逞しい水兵として故郷に錦を飾ることになった。物資不足が慢性化していた郷里に持ち帰ったテニアン島の砂糖は、彼の評価をさらに高めたに違いない。

楽しかった一五日の休暇も、あっという間に終え帰艦、再び勤務に就いた数日後の五月十二日、鎮海防備隊転勤を命じられた。鎮海は、日露海戦においてバルチック艦隊を迎撃するため、東郷元帥が、ここを根拠地に連合艦隊を猛訓練し、最後までロシア艦隊を日本海に引きつけ撃破した南朝鮮の要港であった。

鎮海防備隊の期間は十八年七月まで、三ヵ年の長期であったが、この間陸上勤務、機雷敷設艦等の水上勤務、応召兵の教育、士官従兵等の勤務に就き、順調に上等機関兵に進級した。

日米開戦の昭和十六年十二月八日以来、ハワイ空襲やミッドウェー海戦の戦果や南方水域の海戦について仄聞する度に、井原の若い心は戦場へと逸った。

何度も願い出た戦地希望が、やっと叶えられたのは、十八年七月であった。分隊士より「井原、いよいよ戦地に行く時が来たぞ、魚雷艇乗りじゃ」と告げられた。その時、彼は魚雷艇に関する知識をまったく持っていなかった。もちろん当時の一般国民も、魚雷艇に関する知識はなく、情報を得たのは敗戦後しばらく経ってからのことであった。

十七年八月七日、米国海兵隊のガダルカナル奇襲上陸、日米両軍の三ヵ月にわたる飛行場争奪の死闘は、遂に日本軍の敗北に終わり、ガダルカナル島はアメリカ軍に占領された。ガ島を巡る海戦、上陸作戦や物資補給作戦において、日本海軍は、アメリカ魚雷艇群の奇襲攻撃に悩まされ、多大の損害を被ったことは既述のとおりである。「米国魚雷艇に対抗する魚雷艇を」という第一線の叫びに応えるべく、日本海軍は遅ればせながら、魚雷艇の緊急製作と部隊の編成に着手した。魚雷艇の完成と隊の編成に合わせて、艇長および基幹要員の教育が始まったのは十八年五月からであった。

さらに戦闘集団として戦える魚雷艇隊の編成が可能になったのは、十八年末であった。

魚雷艇勤務

彼は、佐世保防備隊へ転勤後、ただちに横須賀の海軍工機学校に講習生として入校、魚雷艇に関する三ヵ月間の教育を受けた。

遊休の航空用ガソリンエンジンを整備して推進機関とした舟艇は、重油燃焼ボイラーの駆逐艦と随分勝手が違う。エンジンの分解手入れから運転操作まで学科実習訓練を受けた後、洋上実地訓練を経て、いよいよ卒業である。

佐世保防備隊に帰隊したのは、昭和十八年十一月のことであった。帰隊後も訓練に明け暮れた。十九年五月、第二五魚雷艇隊が編成され、南方への出撃が決まると、実戦訓練はさらに激しさを増していった。

井原の記憶によれば、彼の搭乗した四六五号艇は木製の五トンくらいの舟艇（実際は艇長十八メートル、二〇トンだが駆逐艦乗りにとって、いかにも頼りない小舟艇に見えたのは当然）で、乗員は艇長の士官一人、下士官五人、兵三人の計九人。推進機関は古手の航空エンジン、両舷に四五センチ魚雷各一本、前部に一三ミリ機銃一基、後部に爆雷六発の兵装。船体はベニヤ製、後進用のクラッチがなく、停止位置を決めるにもひと苦労する艇であった。

しかし隊員たちは、三艇が一体攻撃、相打ち覚悟で六本の魚雷を打ち込めば、敵艦を倒すことが出来ると、まさに意気軒昂として訓練に励んだ。

本書執筆に当たり井原氏に「米国エルコ八〇フィート艇」の写真を見せた時、彼は一言も発することなく息を呑んで写真に見入った。彼の複雑な心境を思うと、いささか後悔の念を禁じ得なかった。

Ⅱ　フィリピン進出

魚雷艇隊の編成と配置

隊員たちが待ち望んでいた南方出撃命令が発せられ、「第二図南丸」は、一路南に向かって航海を続ける。井原をはじめ隊員たちは、マニラを指向していることを知ってはいたが、最終目的地は軍極秘として知らされていない。

フィリピン海域にもアメリカ潜水艦が出没していたが、幸い攻撃されることなく航海を続け、左舷にルソン島を眺めつつ一路南下、左にバターン半島、右にコレヒドール島を見て、ノース海峡を通過、マニラ湾に無事入港した。

「第二図南丸」には魚雷艇を降ろすために必要な高揚程のクレーンがなく、船体に海水を満タンにして喫水線を下げ、ようやく艇を降ろすというハプニングもあったが、隊員一同元気に下船、第一次進出部隊と合流、集結を完了した。出港以来、すでに一週間を経過した六月二十六日であった。

マニラ集結時における編成、人員、所属、配置は左記のごとくである。

・編成
艇隊：T－35型七隻、T－25型五隻（共に七一号六型エンジン搭載）、T－38型一〇隻（航空エンジン搭載）計二二隻
基地隊：調整班、魚雷調整班、医務隊、主計隊
・人員：士官八人、准士官一八人、下士官兵二三一人、計二五七人
・所属：第四南遣艦隊（司令部・アンボン）
・配置：ハルマヘラ島カウ、アンボイナ島アンボン

フィリピン海域へ展開

全部隊集結を終え充分な休養をとった後、艇や魚雷の整備を完了、隊員たちは最終目的地に回航することになった。目的地は当初予定のハルマヘラ島、アンボナイ島から、セブ島、ミンダナオ島に変更された。もちろんその理由を、彼らは知る由もなかった。

当時の戦局は日毎に悪化しつつあり、昭和十八年十一月下旬、ギルバート諸島のマキン、タラワ両島に圧倒的な兵力のアメリカ軍が上陸作戦を展開した。柴崎恵次海軍

表3　第25、12魚雷艇隊編成表

配備地区		魚雷艇数	結集時総人員	戦死者数	生存者数
セブ本隊	司令		1	1	1
	艇隊	魚雷艇 12 隼艇 8	180	140	94
	基地隊		55		
	計	20 隻	236	141	95
ダバオ派遣隊	派遣隊長		1		1
	艇隊	魚雷艇 8 隼艇 6	151	23	162
	基地隊		34		
	計	14 隻	186	23	163
タクロバン先遣隊	先遣隊長		1	13	0
	基地隊		12		
	計		13	13	0
マニラ残留隊			36	35	1
スリガオ派遣隊	艇隊	隼艇 4	36	36	0
合計		38 隻	507	248	259

注　第25魚雷艇隊は魚雷艇、第12魚雷艇隊は隼艇の部隊。司令は第25魚雷艇隊の司令が兼務。
――「ゆみはり集」第9号：須藤暢主計長「セブ島魚雷艇戦記」より

少将率いる守備隊は勇戦奮闘、米軍に多大の損害を与えたが、遂に玉砕した。さらに余勢を駆ってマーシャル群島に侵攻した米軍に対し、ソロモン海域で消耗した日本海軍は、なす術もなく敵の占領を許した。

二月十七日、米機動部隊は、トラック島を襲い、艦艇一〇隻、船舶二八隻を撃沈し、飛行機三二五機を破壊、燃料糧秣を焼いて前進

基地の機能を完全に麻痺させ、基地の存在価値は消滅してしまった。日本航空勢力の退勢に勢いづいた米国は、「第二図南丸」が南下しつつあった六月十五日未明、米軍最強の第二、第四海兵師団と第二七歩兵師団、強力な航空隊と艦船を投入し、サイパン上陸作戦を敢行した。

マーシャル諸島からマリアナ諸島のグアム、サイパンを攻略し、ここを基地としてB－29長距離爆撃機で日本本土を空襲する基本戦略を実行したのであった。

夢想だにしなかったサイパンの陥落に、日本軍は防衛線をニューギニアからフィリピンに急遽変更せざるを得なかったのである。その結果、魚雷艇隊の配置は、フィリピン諸島に変更されることになった。

司令丹羽少佐傘下の第二五、第一二魚雷艇隊は、昭和十九年八月一日の発令で、フィリピン海域（タクロバン、スリガオ、ダバオ）に展開、第三南遣艦隊に所属変更された。その編成は、表の通りである。

艇の配置は、丹羽司令の主力はレイテ島（タクロバン）ではなくセブ島に、山形隊と第一二魚雷艇隊はダバオに、四艇がスリガオに駐留することになった。

表の戦死者数が示すように、隊員の運命は、駐留地点における戦局の展開により大きく異なる結果となった。

Ⅲ　セブ島戦記

第二五魚雷艇隊の主力部隊は、丹羽司令のもとにセブ島に展開していた。セブ島進駐部隊は生存者が少なく、記録に乏しいが、幸い第一二、二五魚雷艇隊主計長・須藤暢氏の回想記「セブ魚雷艇隊戦記」と、十九年秋にセブ基地隊に着任した川端邦太郎少尉（後に中尉に昇進）の手記「セブ魚雷艇隊のこと」が、「ゆみはり集」に残されている。両回想記に従い、セブ島魚雷艇隊の戦いを記してみたい。

米軍機セブ急襲

川端少尉が着任した当時、次の米軍上陸目標はレイテ島タクロバンとの情報が流れ始めた。そして魚雷艇隊のタクロバン進出命令が出され、航海士であった川端は、司令室に詰めっきりでタクロバンへの海図製作を手伝った。艇には魚雷・爆雷の装備を完了、出撃を待つばかりとなった。徴用船が基地隊員の荷物を満載して先発した。明払暁を期して出港という夜であった。

早めに宴会を終えて寝についた川端は、なぜか眠り難くようやくまどろみ始めた頃、

「空襲、空襲」と連呼する声に目を覚ました。

彼は、夜明け前の薄暗い椰子林の中を、駆け抜けて海岸に出た。出撃を控え、いつもほど椰子の葉陰に艇体が隠されていない魚雷艇に、敵艦載機「グラマン」が襲いかかり、銃爆撃を繰り返している。炎上する艇、誘爆する艇、ついに物凄い音を立てて魚雷が炸裂し始めた。まさに出鼻を挫かれてしまったのであった。

魚雷艇隊は、魚雷艇四隻、隼艇五隻沈没、隊員二〇数人戦死、糧食八〇パーセント喪失等、甚大な損害を蒙った。その他の艇も被害を受け、満身創痍となって、タクロバン進出は中止のやむなきに到った。

松下中尉指揮の隼艇二隻も、ザンボアンガへの輸送船護衛任務を終え帰航中、セブ島南方海上において、グラマンと交戦、沈没、一七名戦死（二日後に生存者二人がセブに帰着した）。

保有艇数の半数以上を失い、ダバオより魚雷艇二隻を回航させることとなり、福島大尉が回航艇を率い、後日無事合体した。（ダバオ艇回航作戦については後述）

山形中尉の註によれば、回航艇一隻（隼艇・槇兵曹長）はネグロス島ズマゲテで被爆沈没した。

米軍レイテ島上陸

サイパン、グアム、テニアンを撃破した米軍は、フィリピンに次の決戦場を求めてきた。日本軍は、捷一号作戦をもって米軍を迎え撃つべく、決戦場を、

第一案　ミンダナオ島
第二案　レイテ島

に想定、部隊を展開していた。魚雷艇隊のダバオ配置は、同島防衛を目的として、決定されたものであった。

しかしアメリカ軍は、相次ぐ海戦による日本航空部隊の消耗、特に台湾沖航空戦における日本航空部隊の消耗、フィリピン海域における航空部隊

図9　フィリピン要図

の情報を把握するや、作戦を変更し、ミンダナオ島を素通りして、手薄なレイテ島攻略に全力を投入してきた。

マッカーサー麾下二〇万の大軍が、戦艦六、重巡四、軽巡四、駆逐艦二一の支援砲撃部隊と、空母一六、駆逐艦九、護衛駆逐艦二に守られ、十月十七日、接近する台風を突いて、レイテ東方海上に集結、十八日早朝より上陸作戦を開始した。

二十日、米第一〇軍団がレイテ島タクロバンに、第二四軍団がその南方一七マイルの地点・ドラッグに上陸した。

日本海海戦以来日本海軍が指向していた「大艦巨砲の決戦」の最後のチャンスと、上陸作戦を援護する米艦隊に決戦を挑み、比島沖海戦の火蓋が切られた。

日本艦隊は航空部隊の援護乏しく、圧倒的な米航空兵力や魚雷艇のゲリラ攻撃により、戦艦三（武蔵、山城、扶桑）、空母四（瑞鶴、千歳、千代田、瑞鳳）以下重巡六、軽巡三、駆逐艦八、潜水艦六を失った。

十七日夕方、丹羽司令は、米艦隊レイテ島接近の報を受けて、自ら魚雷艇六隻を率いてタクロバンに向かって出撃した。しかし、折からの台風による荒天と四メートル以上の高波のため航行不能に陥り、出撃を断念し帰港した。

貴重な艇を失ない、レイテ作戦にも参加できなかった魚雷艇隊に対する司令部辺りの冷ややかな視線や冷たい仕打ちを、隊員たちはひしひしと身に感じた。

魚雷艇同士の海戦と丹羽司令の戦死

レイテ島の日本軍が、西に圧迫されつつも抵抗を続けていた頃、「陸軍比島軍参謀長和知中将以下、レイテ作戦指導のため進出すべきオルモックへ渡航方法皆無の状況につき、魚雷艇をもって送迎せよ」と、魚雷艇隊に下令された。

丹羽司令は「魚雷艇は決戦兵器につき、その使用中止方」を具申したが、再度の命令により十一月十五日午後七時頃、オルモックへ出港することになった。

司令は、増田少尉、安藤兵曹長の七一号（隼艇）を一番艇として搭乗した。若い士官で行ってはどうかとの強い意見も出たが、司令は自ら搭乗することを譲らなかった。二号艇には木村大尉、三号艇には福島大尉が搭乗し、若い少尉もこれに続いた。

「魚雷艇隊の兵科幹部が、ごっそり参加することは、過剰な士官出撃の誹りを免れないが、留守居役に回ることなどとても考えられなかった」と、川端少尉は、当時を振り返っている。

この時全士官は、川端少尉と同じ心境にあり、司令はすでに死を覚悟していたに違

1944年10月20日、上陸用舟艇でレイテ島の揚陸地点へ向かうマッカーサー（中央右）とフィリピン大統領オスメナ（同左）。

いない。

目的地オルモックの海域は、五日前に陸軍部隊を揚陸した「香椎丸」（八四〇七トン）が、湾を出てほどなく敵機の攻撃を受け撃沈された危険地帯である。

三隻に要人たちを載せ、夜のセブを出港、右にポンソン島を見て、東北寄りの進路を取り、多数の沈船がひしめくオルモック港に入り、参謀長以下を送り届けた。息つく暇もなく反転帰途につき、港を出てほどなくして、入港の時沈船かと見ていた黒い固まりが突如として機銃掃射を開始した。

「砲戦」「打て」

一瞬、闇の夜は百花繚乱、敵の一三ミリの無数の機銃弾と交錯する味方の二五ミリ曳光弾。我が方の弾は大きすぎて火の玉の様だが、発射間隔が長く、実にもどかしい。白波を立てて急旋回する艇。たちまち敵味方入り交じっての卍戦。「やった」と思うし「やられた」とも思われる。喉が無闇に渇き、セブの港の灯が遠い。

この時司令艇は、朝になっても帰港しなかった。カモテス海ポンソン島西南方海面にて、司令艇全員戦死と認められた。

「海軍軍人の戦死の何とはかない。何と美しいこと」と、川端少尉は述べている。

須藤主計長は、「オルモックの帰途暗夜、アメリカ大型魚雷艇二隻と遭遇交戦、隼艇一隻炎上沈没、丹羽司令以下一一名の戦死者を出す。この魚雷艇同士の海戦は、最初にして最後と聞く」と述べている。

最初にして最後の日米魚雷艇海戦において、大きさや排水量、速力、兵装等の性能において著しく劣っていた日本魚雷艇隊の敗北は、明らかであった。

性能の低さに何一つクレームすることなく、悲運の戦闘を回顧する潔い姿勢に海軍魂を見ることが出来る。戦死者の冥福を祈るのみ。

魚雷艇部隊の終局

米軍のセブ島上陸に備え、航空隊裏山に各海軍部隊の陣地構築を開始する。すでに補給は途絶え、三食ともお粥を常食とし、わずかに生野菜を軍需部農場に仰ぐのみ。

十二月初旬、新司令・境田正年少佐着任。しかし海岸部隊は日毎に縮小され、裏山の陣地構築に当てられた。

十二月十五日、米軍はミンドロ島西岸に約一コ師団の揚陸を開始し、日本軍の抵抗を排除しつつさらに増員を続けた。

一月八日、遂に多数の艦艇、輸送船団がマニラ北方リンガエン湾に現われ、日本航空部隊の熾烈な攻撃に多大の損害を出しつつも、九日、艦砲射撃と航空掩護の下にルソン島上陸を開始した。

一月にはホロ島（ミンダナオ島西南の小島）、二月にはパラワン島に米軍上陸。三月に入っても、米軍侵攻の気配なく、特攻基地を回避したのだろうかなどと噂をしていた。三月二十六日の早朝、「敵艦隊、タリサイ（セブ市南方一〇キロ）方面に上陸中」と叫ぶ番兵の声に起こされた川端中尉（三月一日に昇進）のもとに艇隊員が集まった。

半故障の川端艇以外はすべて、故障修理不能のため処分されていたが、魚雷を外し修理中の川端艇も出撃不能と判断され、遂に処分と決定、日没を待って焼却された。

せめて最後の一撃をと考えていた川端中尉の無念、察するに余りある。かくて、第二五魚雷艇隊所属の艇はついに全滅した。川端中尉らは、魚雷を大発に仕掛け、雲霞のごとき敵船艦に何回となく攻撃を繰り返したが、戦果の確認は出来なかった。

二十七日深夜、ぼろぼろの体を励ましつつ、隊員は山の陣地へ上っていった。この日から一ヵ月、陣地に立てこもり、米上陸部隊を迎えて戦った。

米軍の熾烈きわまる物量砲撃に加えて、戦車、火炎放射器などによる反復攻撃、上空よりのガソリン散布後、焼夷弾を投下する陣地焼き討ち作戦により、第一線陣地は逐次奪取された。四月十五日六時頃、「午後八時を期し全海軍部隊は陣地撤収の上、天山の奥地に撤収すべし」と、司令部命令が発せられた。

隊員は、少人数のグループに別れ、お互いに連絡を取り合いながら、セブ島南部山中へ逃避行を続ける。この逃避行中に、福島大尉、木村大尉他多くの戦死者を出し、マラリアとアメーバー赤痢に悩まされ、塩抜きの体力は消耗著しく、連日犠牲者を出しつつ戦争終結に到った。

Ⅳ　ミンダナオ島戦記

部隊編成

再び戦局を第二五魚雷艇隊のマニラ着、フィリピン海域に展開を開始した時期に遡ろう。

戦線を後退させた日本軍は、アメリカ軍のフィリピン攻撃の第一目標を、ミンダナオ島、つぎにレイテ島と想定し、魚雷艇隊の配置が決定されたことは既述のとおりである。

ミンダナオ島は、インドネシア、オーストラリアを睨んだ重要拠点であると同時に、フィリピン防衛の第一線基地として、最も重要視された。ミンダナオ島防衛のためダバオに水上航空隊基地や魚雷艇隊基地が設置された。

従って第二五（魚雷艇）、第二二（隼艇）の強力な混成部隊が派遣されたのであった。

第二五魚雷艇隊ダバオ派遣隊の編成は左記の通り。

指揮官・山形諟中尉

基地隊：伊藤機曹長

艇　隊：四五七号（柚木兵曹長）　四五八号（新関兵曹長）

四六二号（仁礼兵曹長）　四六三号（伊藤兵曹長）

四六四号（谷本兵曹長）　四六五号（矢原兵曹長）

四六六号（安岡兵曹長）　四六七号（吉里兵曹長）

計八隻。艇はすべてT－38型。

第一二魚雷艇隊ダバオ派遣隊編成は左記のとおり。

指揮官：林藤大尉

艇　隊：五三号（片木兵曹長）　五四号（前田兵曹長）

五六号（有本兵曹長）　六四号（槇兵曹長）

六八号（和野兵曹長）　六九号（佐藤兵曹長）

計六隻。艇はすべてH－38型（隼艇）

ダバオ回航

まず山形隊が駐留地ダバオに向け、二〇〇〇キロの航海に出発した。海岸線の港に立ち寄りながら、自力航走でマニラ南方約一〇〇キロのバタンガスに集結した。港町バタンガスは上陸してみると、思った以上に近代的な美しい町で、隊員たちは大変気に入った。

ここで曳航される機帆船（船長、漁師と共に徴用された漁船）の到着を待つ。魚雷艇の長距離移動は、原則的に大型輸送船や駆逐艦などによるのであるが、船舶は日増しに不足、機帆船による曳航に頼らざるを得なかった。

基地への物資輸送を任務とする機帆船を曳航される魚雷艇が守り、魚雷艇隊員は母船から食事を供給され、のんびりと航海を楽しむことが出来た。この漁船曳航方式は一石二鳥の妙案だと、ある隊員は回想している。

五日ばかり港に停泊し整備完了した艇から順次、山形隊、続いて林藤隊とダバオに向けて出港した。機帆船一隻に二〜三隻の魚雷艇が曳航され、数ノットの速度で島嶼の間を縫いながら、敵機の発見を避けての航海だった。

しかし、緊張した苦しい航海ばかりではなかった。ある隊員の魚釣りの思い出は実にほほえましく、魚雷艇のような小艇でなければ味わえぬ楽しみであった。

「ゆみはり集」一〇回、藤原伊三郎氏「回航の思い出」は、以下のように述べている。

（原文のまま）

我が艇には後に戦死した戒野長次郎が、佐賀関の漁師の腕前を発揮して早速〝ホロ〟を作った。〝ホロ〟の説明をして置こう。釣り糸は直径五ミリ位の木綿糸を編んだコンデンサーパッキンを利用した。糸の端に蛸釣針を大きくした針をピアノ線でつくり、釣り針の前面に鳥の羽を四、五枚つける。此を艇から流すと、羽がくるくると回る仕掛けである。艇から七〜八〇メートル流してゆっくり走っていると、魚は餌と間違えて喰いついてくるのである。

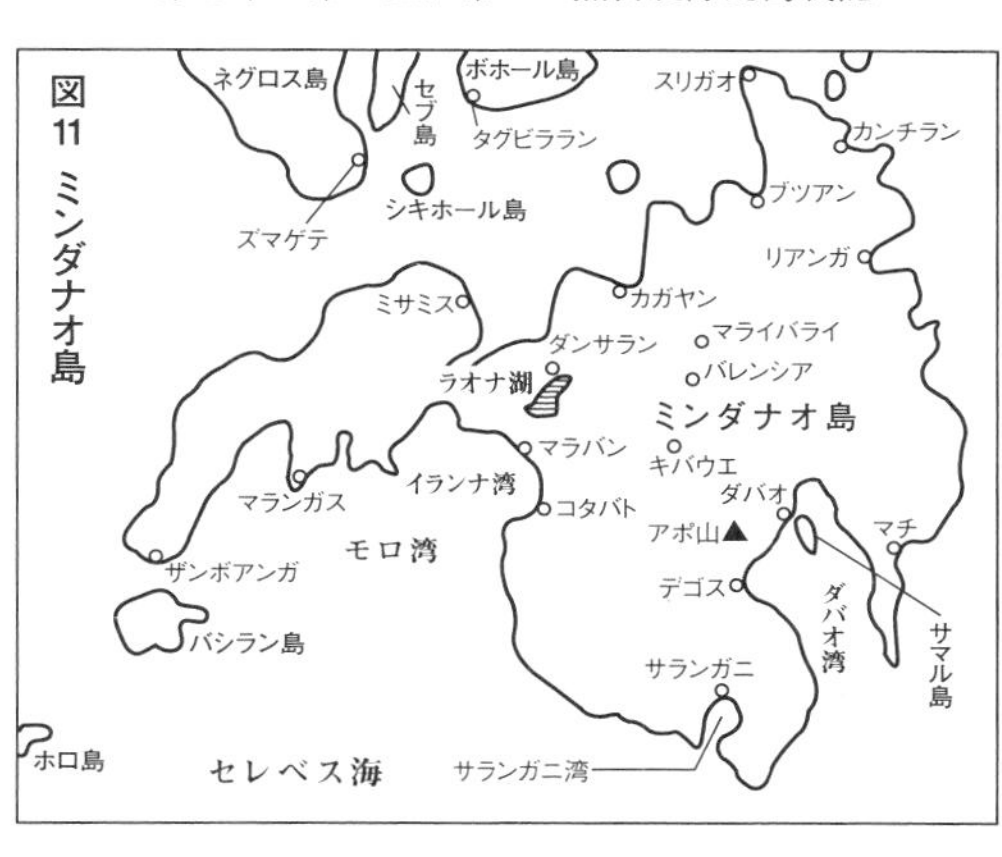

曳舟は元々漁船であるから、船長は漁師である。航海中でも魚の群を見つけるのは馴れたもので、群を見つけると群に突っ込む旨の信号が送られる。曳舟は直ちに進路を変えてまっしぐらとなる。羽と釣針を投げ込めば、後は技術も何も要らぬ、面白いように引掛かって来る。

どんな魚であったか忘れたが、殆ど七〜八

kgもあり、二、三人掛かりで引揚げねばならなかった。此れ位大きくなると、一尾で曳舟、艇全員の刺身から吸い物まであらゆる魚料理が出来る豪華な献立となった。回航は日中航行で、夜は仮泊となるので、その晩は盛大な酒宴となる。酒宴と言うからには何としても日本酒がいる訳だが、そこは良くしたもので、曳舟がダバオへ輸送する食料品の中にワンサと日本酒があった。一升瓶の下にバケツを置く、瓶の底を金槌でコンコンと叩くとガッシャと底の割れる音と共に、酒がバケツに落ちる。壊れた空の一升瓶は、底と共に元の木箱に納めておけば航海中の損傷で問題なくケリがつく。お陰で航海中、お酒には不自由しなかった。

これが戦場でなかったら実に楽しい旅だったろうと、井原は述懐している。フィリピン海域はいまだ差し迫った戦況ではなかったのである。

しかし、突如として訪れる南国の台風に遭遇すると、荒れ狂う高波に艇は圧縮され、ベニヤ板の隙間から海水が船内に浸入し、海水の汲み出し作業に機関員は忙殺され、甲板上では命綱を機銃に巻きつけ、必死に艇を守るという事件にも遭遇した。

セブ島を経由、大小の島々を巡り、やがてミンダナオ島西端に突き出たザンボアンガ半島のザンボアンガ港に到着した。

非武装の上陸の許可が出て、現地島民との交歓、映画鑑賞、バナナ等の南方の果物と煙草の物々交換に、戦争を忘れる楽しい一日を過ごすことができた。やがて訪れる厳しい現実とはおよそかけ離れた平和な一時であった。

ザンボアンガ港から、セレベス湾を東南に横切り、左にサランガニ湾を見て、右舷にサランガニ島を通過しミンダナオ島の南端を迂回北上して、ダバオ湾内の基地に向かった。

ダバオに近づくにつれて戦況悪化の情報が入り、敵機の襲撃を警戒して夜間航海が多くなった。後続の艇は、曳航中に爆撃機Ｂ－24の攻撃を受けたが、全艇無事に西岸にある基地ラガロンに集結することが出来た。

時、すでに八月初旬を過ぎていた。

終焉の基地ポイントリナオ

ラガロンに停泊してほどなく、米軍機の夜間攻撃を受けた。井原が、仮泊睡眠をとって間もなく、爆音と共にしゅしゅという機銃掃射音を聞くと同時に、どかんという物凄い音に続いて艇が吹っ飛びそうな振動を感じた。翌朝確認すると、三〇〇メートルほど先に爆弾が投下されていた。幸い被害はなかったが、基地の所在は、すでに米軍に把握されていたのである。以後、ミンダナオ島に対する爆撃機B－24の爆撃は、日増しに激しくなった。

ラガロンは、基地としての設備が不十分であったため、ただちに湾内深く東岸のポイントトリナオに基地を移した。第一二魚雷艇隊も、ダバオに到着後、ラガロンに基地設定したが、後にポイントトリナオに移動した。

ポイントトリナオに移動後、激しさを増す爆撃を避けるため、基地近くの岸や三キロほども離れたマブチ川河口に、艇をそれぞれ分散配置した。マングローブは格好の遮蔽物で、その樹林の木蔭に錨を下ろし艇を隠した。

敵機の襲撃にもかかわらず隊員たちは意気軒昂、エンジン整備、機銃、落射機等の手入や地上訓練に励み、出撃を待った。九月九日早暁、ダバオは米軍機動部隊の急襲を受けたが、水上機基地の海軍航空隊「九五四空」は、魚雷艇隊到着前の七月二十二日に、ルソン島へ撤退していたので、地上砲火のみで応戦せざるを得ない状況であった。

陸上部隊と兵站基地は多大の損害を被ったが、魚雷艇は隠蔽のお陰で無事であった。以後敵の空襲はほとんどなく、ポイントトリナオはまったく平静を取り戻した。

セブ回航作戦と魚雷艇の全滅

九月十二日の米機セブ空襲により失った艇を補充するため、ポイントリナオから四六三号、四六四号艇等がセブへ回航することに決定した。

ところが、この二艇が湾内の夜間航行訓練中、座礁事故を起こし、この二艇のセブ回航作戦は中止となった。当時を回顧して、四六四号艇艇長・谷本武男氏は以下のように述べている。

ある晩、試運転を兼ねた夜間航行訓練中、思いも掛けぬ座礁事故を起こしてしまった。この付近の海は充分そらんじているつもりであったが、珊瑚礁の多い夜の海は怖い。泊地を出て進路を北に、サマル島の影を確めてスピードを上げた途端、突然船底にザザーッという不気味な衝撃音が走り、あっという間に岩礁に乗り上げてしまった。（中略）満潮を待ってやっと離礁したが、エンジンがかからず漂流を始める。湾内の陸地に漂着しても、日本軍の劣勢を見越して米国側についたゲリラが待ち構えている。否応なく一戦を覚悟しなければと、拳銃を握りしめた。幸い右舷機のエンジンがかかり、片舷機を操って河口に帰り着いた。伊藤艇長の四六三号艇も同じ事故を起こし、二人で基地に状況報告に出向いた。

回航指揮官として着任した初対面の福島中尉に状況報告をしたが、顔面一杯に激怒の様子を現した中尉に、平身低頭謝るばかりであった。

セブ回航作戦から外されポイントリナオに残留せざるを得なかった二艇の隊員は生存し、福島中尉以下その他隊員は、セブ島で壮烈な戦死を遂げた。生き永らえ祖国の土を踏んだ私は、福島大尉他僚友に後ろめたい思いがする。

ポイントリナオの基地に、第二五魚雷艇隊長・丹羽司令戦死の報せが入ったのは、十一月の半ば過ぎであった。

レイテの陥落後、ポイントリナオへの食糧供給は途絶え、魚雷艇隊員の任務は食糧獲得作戦へと変わった。

河口を遡って食糧の調達に出かけた隊員が、島民ゲリラに襲撃され死亡する事件が起きたり、マラリアに罹った隊員が体力消耗し、次々と死亡する状況になった。

そのような戦況下でも、隊員たちは艇の整備を怠ることなく戦いに備えた。四月中旬、B－24一二機による基地攻撃を受け、基地から離れて係留した艇は被害を免れたが、隊員に戦死者が出た。基地機能の修復を終えた四月の下旬、魚雷艇隊に対する攻撃が再び繰り返されたが、防戦事なきを得た。

再び五月中旬、Ｂ－24の一二機編隊の猛攻撃を受けた。爆撃と機銃掃射、海上から駆逐艦の砲撃を受け、訓練に訓練を重ね戦果を挙げるべく待機していた全艇は、ポイントリナオの海中に沈み、遂に基地機能は壊滅してしまった。艇を失った魚雷艇隊員たちは、海軍陸戦隊に合流し米軍のダバオ上陸に備えた。

米軍ミンダナオ島攻撃

遂に四月十七日に米軍のミンダナオ島上陸作戦が開始された。日本軍の予想に反し、米軍第二四、三一の二コ師団が、ミンダナオ西方コタバトに上陸した。沖縄戦に海空の主力を振り向けた米軍は、抵抗少なく上陸可能な地点にコタバトを選び、陸路三〇〇キロを長躯してダバオを攻略する作戦を採った。また他の部隊はマッカーサーがオーストラリア逃避行の時上陸したカガヤンに上陸した。

ダバオの背後には一〇〇〇～二〇〇〇メートル級の山脈が南北に走り、山脈を越えての来襲を想定しなかった日本防衛軍の陣地は、すべてダバオ湾に向かって構築されていた。

米軍は、コタバト平野を東進、山脈の鞍部を越えて、四月二十六日、ダバオ南方六〇キロのデゴスに達し、二十七日にはデゴスを攻略した。以後六月三十日まで二ヵ月にわたり、ダバオ攻防の激しい戦闘が続いた。

日本軍決死の抵抗も虚しくダバオ陥落、最後の拠点カリマン（ダバオ北方）も占拠され、遂に陸海軍部隊は組織的戦闘能力を失い、アポ山中の山岳地帯に後退、自活持久の戦に入った。

魚雷艇を失いポイントトリナオを撤退して、海軍陸戦隊に合流した魚雷艇隊員は、ダバオ防衛戦に敗れた後、敵の攻撃を避け密林の中に食糧を求めて転進した。

ほどなく、陸軍部隊と合流、ピナタガンの谷間にひっそりと駐留することになった。食糧収集時、ゲリラと小競り合いする以外に本格的攻撃を受けることもなく、比較的平穏な日が過ぎていった。

しかし、駐留地付近の食糧も底をつき、日毎に食糧は欠乏した。特に動物性タンパク質や塩分の不足により、隊員の体力は急速に低下、マラリヤに命を落とす者も増える一方であった。

「転進を中止し永久駐屯地を設定せよ」との命令を陸海軍司令部より受けて以後、無線連絡はまったく途絶えてしまった。陸海軍合同部隊の通信隊長の任にあった山形中尉は、陸軍の手回し発電による五号無線機で、毎夕の新聞電報をとるのが唯一の任務となった。

投降勧告

八月十六日、山形中尉は隊員を指揮し食糧収集作戦中、尾根を掠めるように飛んで来るＢ－25を目撃した。

本能的に山肌に身を伏せ機影を目で追うと、朝日を受けた機体から撒布されヒラヒラと舞い落ちる紙片を確認した。部隊の場所を発見され、食糧略奪などに対する警告文が撒かれたに違いないと、彼の身体に緊張感が走った。

午後になると、一枚のビラが基地隊に持ち込まれた。そのビラには、「戦争ハ終ワッタ。海岸ニ出テ沖ヲ通ル米軍ノ艦船ニ白イ布ヲ振ッテ投降シナサイ。米軍ハ充分ナ食糧ヲ与エ、病人ニハ薬ヲ与エ治療スル。諸君ハ便ノアリ次第日本ニ送リカエサレル。日本ノ再建ヲニナウノハ君達ダ」というものであった。

多くの者は、敵の謀略に違いないと受け止めたが、山形は直感的に、事実であると信じた。しかし、一切口外しなかった。

八月十七日、調子の良くない受信機が、ようやく新聞電報を受信した。まさに終戦の詔勅であった。

戦争が終わったことは明らかになったが、誰一人どう行動すればよいか、分からなかった。部隊は、司令部からの命令があるまで、現状を維持することになった。軍隊は命令によってのみ動く集団だからである。

八月二十日、食糧収集中の隊員に、石井少尉と名乗る米国軍人が接触してきた。彼の説明によれば、「終戦は事実であり、今後日本軍は武装解除され捕虜となること、そして速やかに捕虜収容所に入らなければならない」ということであった。

戦争が終わったという安堵感と捕虜という屈辱感と不安が、〝捕虜になる前に死ね〟と教育されてきた山形隊長をはじめ隊員一同を悩ませるのであった。

いつの間にか一〇日間が過ぎた八月三十日、街道筋の青竹に挟まれた置き手紙を兵隊が持ち帰った。手紙には「本日午後、米軍が投降について交渉したいので、軍使を海岸迄派遣するように」と記されていた。

部隊内で討論検討した結果、陸軍から某中尉、海軍から山形中尉が選ばれ、英語の堪能な通信隊の高島伍長が同行、指定の海岸に赴くことになった。

指定の場所で米軍のボートに乗り、五〇〇トンほどの砲艦に着き甲板へ上がると、丁重に艦長室に案内された。そこには、捕虜担当のギンと名乗る陸軍士官がいた。

ギン少尉は、日本軍の無条件降伏と投降、武装解除、速やかに捕虜収容所に入ることを要求した。山形中尉らは、司令部の命令がなければ、投降もしないし収容所にも入らないと、頑強に反論した。

ギン少尉は、ダバオの日本軍組織は破壊され、バラバラであること、山中で食もなくマラリアに冒された日本兵が、どんどん倒れていること、すでに多くの日本兵が収容所に入っており、食事を与えられ病人は手厚い看護を受けていること、さらに〝早ければ早いだけ人命が救われる、現状を認識せよ〟と、繰り返し話した。

最後に彼は、九月二日に横浜の米国軍艦上で、日本の降伏調印式があるから、それをラジオで確認すればどうかと、提案した。この提案を受け入れて隊に帰った夜、大隊本部に集合した陸海軍の准士官以上に、両中尉の交渉経過報告が行なわれた。

決断の時、そして投降

山形中尉が代表して、交渉の経過を細かく報告し、日本の無条件降伏は事実と思えると付け加えた。林藤大隊長から、意見を求められたが、山形中尉は重大問題だけに即座に答えることを躊躇した。会議は重苦しい沈黙のまま時は経過した。意を決した山形中尉は、〝降服やむなしと〟私見を述べた。

これに対し陸軍の某中尉は、飽くまで司令部の命令を待つべきだと説いた。二人の意見は対立して、激論は深夜におよんだ。山形中尉は、

「一日遅れればそれだけ死者は増える。独断専行して後に司令部から責任を問われた時は、腹を切ります。それによって部下が救われれば、本望ではありませんか。貴方の部下も救われるのです。一緒に腹を切りませんか」

と説いた。

最後に、林藤大尉が決断を下した。

(1) 諸般の情勢から終戦と敗戦は事実と判断するが、米軍の提案に従い九月二日のラジオ放送で確認する。

(2) 一人でも多くの人命を救助するため投降を決意する。ただし、最終決定は九月二日の放送受信後とする。

九月二日のラジオ放送を確認した後、米軍との交渉を始め、三日からの投降と収容所入りが決定した。

急造の担架で運ばれる者、杖にすがって歩む者、一人として満足な者はいない投降の列であった。第一陣は、一時も早く救護手当てを受けるため病兵に限られた。

九月三日、ダリヤオン捕虜収容所に入所した第二五魚雷艇隊員は、山形中尉以下三一人であった。井原高一も、杖を頼りに重い足を引きずりながら収容所に入った。

彼は、投降が半月遅れていたらミンダナオ島の密林に埋もれ、今日の自分は存在し得なかっただろう、良い上官に恵まれたと、五〇数年を経た後も感謝を込めて回想している。

山形中尉は、香川県出身、岩手高専（現在の岩手大学工学部）卒業後、神戸製鋼所に就職、兵科予備学生として海軍に投じた。戦後、再び神戸製鋼所に復帰、魚雷艇に関する貴重な著述を多数「ゆみはり集」に残している。

Ｖ　スリガオとマニラ部隊の戦い

スリガオ派遣部隊とマニラ残留部隊は、全員戦死と伝えられ、その消息はまったく不明であった。幸いにも、戦後一名の生存が判明し、それを契機に残留部隊の消息がほぼ明らかになった。

山形氏と生存者三村氏（第一二魚雷艇隊員）の回想記より、スリガオ派遣部隊とマニラ残留部隊の戦記を辿り概要を纏めてみた。

ルソン島東部海域の沿岸警備

隼七二号艇は、呉軍港を出港して自力航海により佐世保に到着、第二五魚雷艇隊に合流し、「第二図南丸」でフィリピンに向かった。

バタンガスに到着後、同地において特別任務につくよう命令された。第二五魚雷艇隊と別れ、ルソン島東部の沿岸警備につくことになった。

さっそく、機帆船に曳航されてシブヤン海を南下、サンベルナルジノ海峡を通過して、太平洋に出て北上、レガスピに到着した。ここですでに駐留していた第三一魚雷艇隊二隻と合流し、合同作戦をとることになった。

レガスピを出港北上を続け、沿岸警備の任務を果たしつつ、ラモン湾に入り、マウバン、アテイナモン*を経てシャインに到着した。時すでに九月末であった。

*註：志賀博著「魚雷艇の二人」には第三一魚雷艇隊の展開地はアチナモンとある。

山形中尉によれば、「マニラ残留艇」は隼五八号、六〇号、六三号、七二号、魚雷艇四九四号の五艇とあるが、全艇が第三一魚雷艇隊に合流したかは、不明である。

ルソン島東方海面に米海軍船団がいるとの情報で、第七二号艇は偵察のためラモン湾を出撃した。しかし敵影を発見することが出来ず、帰途につき湾内に入った途端、後方に突然爆音がして、グラマン戦闘機が急降下し突っ込んできた。

「対空戦闘」の号令一下、隊員は機銃に飛びついた。幸い敵の弾着は艇の前方に集中し、命中しなかった。

しかし、伊藤兵長が右手親指根本から裂傷する負傷を負い、応急処置をしつつ帰港した。「我が艇の航空エンジンの爆音で、敵機の来襲に気づくのが遅れたため、不覚をとった」と三村氏は、述べている。

帰投後、伊藤兵長は親指負傷治療のため、マニラに帰った。その後、三村氏は彼の消息を知らない。

十一月のある夜明け前、急に激しい爆音と共に、一〇数機のグラマン戦闘機が急降下しながら、機銃掃射を繰り返し襲撃してきた。寝込みを襲われ、艇に行くことも出来ず、しばらくは敵の跳梁なすがままであった。

敵機が去った後、艇員の無事を確認し、ただちに栈橋に駆けつけた。愛艇七二号はすでに海中に没していた。浮上させ修理不能の打撃を受けていることを確認し、ラモン湾で永い眠りにつかせることになった。爆雷の爆発と共に、赤い腹を見せながら海中に没する愛艇の姿に、三村は惜別の想いに感無量であった。

艇を失った隊員たちは、マニラ基地隊への帰隊命令を受けた。百数十キロの悪路を、トラックに乗り敵機の襲撃を避け、無事マニラ基地隊に到着したのは、一月三日であった。

マニラ基地隊の玉砕

マニラ基地隊には、隊長以下約四〇人、工作科、主計科の他に、艇を失った艇員、定員外として入隊した予備員がいた。基地隊員は、第三一特別根拠地隊の指揮下に入り、マニラ守備の海軍陸戦隊として、米軍の上陸攻撃を迎え撃つことになった。陸軍部隊の指導で、敵戦車に肉弾攻撃を加える訓練が日夜続いた。

一月九日、リンガエン湾に殺到した米軍は、激しい日本陸海軍の肉弾攻撃を排除しつつ南下、遂に二月初旬マニラ郊外に迫り、マニラ包囲網は日毎に狭まった。

市街地に進入した米軍は、戦車を先頭に重戦車砲で我が陣地をシラミ潰しに攻撃破壊しつつ殺到して来た。

我が軍の機銃や対戦車砲は、まったく歯が立たない。我が軍の総反攻を見る前に、敵の攻撃は目前に迫ってきた。三村兵曹長の周囲に砲弾が炸裂し、目も開けられない。いつの間にか小隊長の姿が消え、仲間の兵士の数も減ってきた。

「三村兵曹、どこかへ行きましょう」という声を聞いた途端に、二人は闇の中を海岸に向けて闇雲に走った。

敵に遭遇することもなく海岸線にたどり着いた。夜が明けてほの白い海面に、撃沈され座礁した商船が見えてきた。彼は、軍刀と拳銃を首に吊るし、やっとの思いで商船まで泳いだ。そこも安住の地ではなく、やがて迫撃砲の攻撃を受け始め、壕の中で声をかけてきた仲間が落命した。

三村は、再び船の救命ブイにつかまり、コレヒドール島を目指した。コレヒドール島上空にも敵機が乱舞して攻撃を繰り返しており、もはや安全なところではなかった。

彼はバターン半島へ方向を変え、懸命に足を動かしているうちに、人事不省に陥ってしまった。

1945年１月にリンガエン湾に上陸した米軍はマニラ攻略を開始した。写真は２月、リンガエン湾に集結した米魚雷艇群。

海岸の波打ち際に漂着した三村は、目を覚まして立ち上がろうとした時、銃声がして彼の小指が弾かれ、指から血が滴り落ちた。彼を遠巻きに囲んだ現地人たちの悪意に満ちた目付きが、彼の身体に突き刺さるのを感じた。

現地人に両手を支えられ、ジープやトラックの並ぶ広場に連れて行かれた。やがて米兵が現われ、トラックに乗せられると、星条旗がはためく舗装された立派な山道を走り、倉庫らしい建物の前に停車した。建物の中に放り込まれた彼は、日本軍が中国で多くの捕虜を殺したように、その運命が自分にも回って来たと、観念するのだった。

やがて現われた二世の米軍兵士に、早く殺してくれと何度となく叫んだ。しかしその二世兵士は、生きることの大切さ、戦争の推移、圧倒的な米軍の優位、敗戦後の日本を支えるのは、若い君たちだ、最後まで戦って捕虜になることは名誉あることだ、と流暢な日本語で諄々と話すのであった。

そして三村は、モンテンルパ捕虜収容所で、天皇の放送を聞くことになった。その後間もなくコレヒドール島に移され三ヵ月の使役を終えて、十二月三十日、大竹海兵団を経て故郷に生還することが出来た。

以上のフィリピン方面派遣魚雷艇隊の戦記は、国外で戦った日本海軍魚雷艇隊唯一の記録である。

第２章　日本防衛部隊の戦記

南方海域の拠点を失った魚雷艇部隊は、本土決戦に備え、あるいは特攻舟艇「震洋」の警備艇として配置され、米国艦船の攻撃に備えていた。以下各部隊の戦闘記録を追ってみよう。

I　第二七魚雷艇隊沖縄の戦い

海軍水雷史刊行会発行「海軍水雷史」に中原正雄氏（第二七魚雷艇隊艇長・兵科第三期予備学生、第一期魚雷艇学生）が、彼の体験に基づく沖縄島海戦の回想と戦訓所見を述べている。

七一号六型エンジンを搭載した魚雷艇部隊が、活躍し敵艦を撃破する戦果を上げた唯一の記録が「沖縄の戦い」であった。

以下に氏の回想文(「第二七魚雷艇隊の実戦並びに戦訓所見」)を紹介しよう。(カナ遣い等を一部改め、句読点を補った)

沖縄島海戦の回想

(1)戦闘配置

第二七魚雷艇隊(司令・海軍大尉白石信治、海兵七〇期)は佐世保鎮守府直轄部隊として、沖縄本島運天基地へ進出を命ぜられ、佐世保防備隊にて編成および出撃準備を整え、先発隊T－25型六隻(指揮官・先任将校海軍中尉伊藤辰英)の出発に続き、本隊T－25型*一三隻は十九年八月、戦艦「榛名」以下在港艦船の心強い見送りを受けて佐世保を出港、自力航行により八月二十六日午後、運天基地に進出した。基地は深く入り込んだ入江に到る水道が、片側が深急の崖になっていて魚雷艇等の秘密基地として極めて恵まれた条件下にあった。

*引用者註：T－25魚雷艇は七一号六型エンジンを搭載した一軸艇。高速性能が悪く、後にT－14型に改良された。

しかし、それからわずか一ヵ月半後の十月十日、沖縄本島は第三警戒配備下なるにもかかわらず突如米機動部隊の奇襲を受け、接岸艤装係留中の全艇一九隻中の一六隻を一挙に喪失、わずか三隻を残すのみとなってしまった。

艇隊はただちに新艇の補充を要請すると共に、隊員自らの手による基地の再設営にとりかかった。幸い艇の補充は解決し、最新鋭のＴ－14型乙型魚雷艇三〇隻と第二魚雷艇隊所属のＴ－51（ｂ）型甲型魚雷艇一隻が発令され、これらの中からともかく昭和二十年三月初めまでにＴ－14型一四隻が基地に到着、Ｔ－25型三隻に加わり、米軍上陸時までに再び一七隻がそろったのであった。また、圧倒的な制空権下における艇の秘匿については、地元民との協力による人海戦術によって、水道沿いの崖の裾を掘り込んで造成した簡易ドックに一隻宛引き入れ、上から偽装網で偽装したのであるが、この工夫と無抵抗作戦が物をいって、（米軍）上陸時まで発見されることなく艇を温存し得たのである。

昭和二十年三月二十三日、沖縄は再度第三警戒配備下のまま敵艦載機の攻撃を受けたが、今度は基地再設営のおかげで約五波数百機の来襲にもかかわらず人員施設等に被害なく、かくてこの基地秘匿方策は後に三月二十七日から三日三晩にわたる応戦に成功する主要因となった。二十三日の猛爆撃によって司令以下米軍の上陸近しと判断、翌二十四日早朝より食料始め身の回り品等を疎開し、また潜水艦等の接岸による諜報員の潜入を厳戒するなど米軍上陸に備えた戦闘配置についた。爾来二十四日から連日艦載機の大群が来襲、猛烈な銃爆撃が繰り返され、あまりにも多数のため、敵機同士が接触して基地内に墜落する事故すら発生したが、それでも二十六日まで基地を発見される事なく持ちこたえたのである。

しかし、遂に四月一日の上陸作戦を四日前にした二十七日午後の銃爆撃中、偶然の一発が偽装船台上の艇に命中炎上し、付近に銃撃が集中されて四隻を喪失するのやむなきに到った。

よって艇隊本部は基地秘匿も当日限りと判断、沖縄方面根拠地隊司令部に報告すると共に出撃許可を要請、沖方根司令官（大田実海軍少将）より許可と共に沖方根要塞より遠望せる敵艦隊の動静について通報あり、これに基いて隊司令より出撃命令が発せられ、各艇長に豊田連合艦隊司令長官からの白鞘の短刀が手渡された。

(2)出撃

「三月二七日夜、第一回出撃」

二二三〇、かねての作戦計画に従って先任将校・伊藤辰英大尉指揮、一〇隻出撃。

指揮官艇（八〇二号艇）以下一〇〇メートル間隔の単縦陣にて全艇「船底排気」により消音し、接岸隠密航行、備瀬崎をかわす頃、沛然たる驟雨が来襲、隠密航行の力強い手助けとなった。瀬底泊地を通過する頃、雲が切れて満月が海面を照らし、敵艦隊の艦砲射撃が視界に入っておおよその敵位置を確認し得たのである。

残波岬先端に到るまで隠密航行を続行した艇隊は右一斉回頭、〇一一〇漂泊状態の敵大艦隊の約一五〇〇メートルまで近接した後、「船外排気」に切り換え全速にて突撃魚雷戦を敢行した。敵艦隊は一斉に避退行動に移り、全艦隊が対空戦闘を開始する狼狽ぶりで特攻機の奇襲と勘違いした模様である。

戦果、「戦艦または巡洋艦一ないし三隻撃沈。*我が方損害なく全艇帰投」と打電報告した。発射雷数二式四五センチ一六本。

佐鎮長官から佐鎮第二八一七一三番電をもって「第二七魚雷艇隊及ビ第二蛟龍隊ガヨク戦機ニ投ジテ戦果ヲ挙ゲツツアルハ大イニ可ナリ。皇土守護ノ挺身兵力トシテ今後一層健闘ト成功ヲ祈ル」。また、沖方根司令官からも沖方根二八一四二九番電をもってこの日の勇戦を嘉賞せられた。

*引用者註：戦果に関する後日調査結果について――

戦後の調査によれば駆逐艦クラスの撃沈が正しいようである。米海軍記録等によれば、三

図12　第27魚雷艇隊戦闘行動図

「海軍水雷史」所収「第27魚雷艇隊の実戦の回想並びに戦訓所見」（中原正雄）より

月二十七日夜から二十八日にかけて触雷により二隻が、また夜間なるにもかかわらず特攻機二機の命中が記録されているようであるが、夜間における特攻機の命中も、この海面の触雷も共に首肯出来ない。さらに米海軍の記録には、陸軍輸送船等の損害や英海軍を初めとする連合軍艦船についての記録は記載されていないので、さらによく調査する必要があるものと思われる。

「三月二十八日夜、第二回出撃」

二三三〇、三隻出撃。伊江島水道をかわった辺りで猛烈な電探射撃に遭遇、沖合遙かに避退したと思われる敵艦隊を発見するに到らず、やむなく基地へ帰投した。二十九日早朝より再び敵艦載機延数百機の波状攻撃を受け、昨日は持ちこたえた格納中の艇三隻に被害が生じ、ついに可動艇数は一〇隻に減少した。

「三月二十九日夜、第三回出撃」

三度沖方根に出撃を要請許可を得たが、「連日嘉手納方面を砲撃の敵艦隊は、日没と共に慶良間列島方面に退避せる模様」との通報あり、索敵艇を出すこととなり筆者（中原）に索敵が命ぜられたので、本隊に先行第一夜と同じコースをとって索敵に出撃した。本隊は残り九隻を以て二二三〇出撃、索敵艇がちょうど残波岬にかかる頃、右斜め後方伊江島南方海面に突然火の手が上がるのが遠望された。

帰投後、これは本隊の指揮官艇（八〇二号艇）が電探射撃のため炎上海没せるものと判った。伊藤辰英大尉のほか艇長上杉少尉以下が戦死した。索敵艇は索敵を継続し慶良間列島方面に向かって南下したが、敵艦隊を発見するに到らず反転帰投した。

この夜の出撃は、それでも我が方二隻が大型駆逐艦二隻と遭遇、ただちに肉迫魚雷戦を敢行し一隻を撃沈した。この第三回出撃は会敵困難で艇隊が広く展開したため、帰投時刻が遅れ夜が明けたのが原因で、追尾し来った偵察機に基地が発見され、艇の格納が完了しないうちに銃爆撃を受けることとなって、全艇を失うのやむなきに到った。* なお帰投中の一隻は、追尾中の敵偵察機を発見、基地露見を防ぐため、本部半島のリーフに乗り上げて自沈、艇長以下岸まで泳ぎ着き翌朝基地に帰還した。

*引用者註：当日の銃爆撃は、〇八〇〇頃より艦爆五〇機、さらに一一〇〇より一三〇〇に到る間約二〇〇機が基地を低空で攻撃、帰投せる九隻中四隻は被弾喪失、五隻はプロペラおよび軸が変形し使用不能となった。

従って以後は陸戦に移行することとし、予めの計画通り基地は破壊撤収し、艇搭載の二五ミリおよび一三ミリ機銃はすべて八重岳に運搬して陸軍国頭支隊（支隊長・宇土陸軍大佐）のいったん指揮下に入った後、終戦に到るまでゲリラ戦を展開、我が国がポツダム宣言を受諾して降服したのを確認して後、九月三日に至って米軍と軍使を交換し降服条件を取り決めてから、司令以下全隊員二〇〇余名米軍の軍門に降ったのである。（以下略）

魚雷艇戦の分析

以上が中原氏の回想である。氏は、「圧倒的敵戦力の中連日の猛攻撃に耐え、魚雷艇戦史上に特筆すべき戦果を挙げたこと」について、その要因を次のように分析、所見を述べている。

(1) 第一回出撃は、交戦海域一帯に猛烈な驟雨があり船底排気による隠密肉迫をさらに可能にしたこと。

(2) 急造の簡易ドック式格納方法のため、満潮時しか艇の出し入れは出来なかったが、時あたかも月齢一五、朝夕が満潮の上、大潮の時季に当たったこと。

(3) 燃料搭載用仮桟橋が、何故か連日の猛爆撃の対象にならず破壊を免れたこと。

(4) 敵機の攻撃に無抵抗を通し、艇隊の存在を察知せしめず、艇は温存し得た上、敵の油断を誘うことが出来たこと。

(5) 悪条件下一艇の故障もなく全艇に出撃を可能ならしめた機関科員の抜群の整備力の貢献が大であったこと。

(6) 使用艇は当時最新鋭のＴ－14型*が補充され主力であったこと。

*註：沖縄派遣のＴ－14型魚雷艇について――

第二七魚雷艇隊に配置されたＴ－14型魚雷艇に関し、「海軍水雷史」九七九～九八〇ページの魚雷艇展開表には、「第二七魚雷艇隊の編成は、Ｔ－25型一九隻、但し一六隻喪失、他に甲型一隻、Ｔ－14型一六隻発令されたるも艤装中乃至回航中で、沖縄戦に間に合わなかった」とある。志賀博氏著「魚雷艇の二人」にも同文の記事がある。両記事に従えば、T－14型魚雷艇は沖縄戦で戦果を上げ得なかったことになる。

しかし、同じく「海軍水雷史」九九八ページの中原正雄氏（第二七魚雷艇隊艇長）の「第二七魚雷艇隊の実戦並びに戦訓所見」の記述には、前述のようにT－14型一四隻が補充された、とある。

魚雷艇専用水冷エンジン七一号六型搭載艇は、航空エンジン搭載艇に比し燃焼ガスの排気方式が優れているので、隠密行動を取ることが可能であった。この成果に比し、搭載した航空エンジンの爆音に敵機の来襲を気づかず、不意の銃撃によりルソン島東部海岸警備の魚雷艇員が負傷した既述の事件は、兵器の劣性が戦闘を不利にした好例である。

Ⅱ　天草の震洋隊護送

戦局の悪化と共に本土決戦が目前に迫り、特攻艇「震洋艇」が各基地に配置され、魚雷艇は震洋艇隊の司令艇や護衛艇としての役目を果たすようになった。

魚雷艇学生鈴木純一氏は、震洋艇護送の任務を果たした当時を回想し、以下のような書簡を寄せられた。

内地における魚雷艇の戦闘は、五月十三日の天草海域の対空戦のみと思います。これは五月十二日、我々魚雷艇学生が佐世保沖の松島より、長崎半島先端にある樺島へ護送した震洋三〇隻を、第五特攻戦隊司令の宮雄次郎大佐*が魚雷艇四隻をもって出迎え、翌早朝に天草牛窪へ護送せんと樺島を出発、数時間後に敵艦載機群に捕捉され奮戦空しく、魚雷艇、震洋艇ともほぼ全滅してしまった。別行動を取り川棚に帰投した我々は、運良く無事であった。

*引用者註：宮氏は当時中佐、特攻戦死により二階級特進、少将に任命された。

本戦闘に関して、木俣滋郎著「小艦艇入門」（光人社NF文庫）には、以下のように記載されている。

昭和二十年五月、九州川棚の第百十「震洋」隊二六隻が南西岸の天草に配置されることとなる。第五特攻戦隊の魚雷艇一二隻がこれを護衛して南下中、米第三八機動部隊のグラマン戦闘機に発見された。魚雷艇も「震洋」も対空戦には弱い。ほとんどが全滅し、司令も戦死してしまった。

Ⅲ　北硫黄島守備部隊救出作戦

朝比奈信雄（兵科第二期予備学生）と肥田景朝（兵科第三期予備学生）の両氏が、北硫黄島守備部隊救出作戦に関する回想文を「海軍水雷史」に以下のごとく記している。（カナ遣い等を一部改め、句読点を補った）

硫黄島が昭和二十年三月十七日に玉砕してから約二ヵ月程経過した五月になって、北硫黄島に陸海軍守備隊が残留していることが判明した。父島を基地とする横鎮直轄部隊の第二魚雷艇隊（司令・倉崎安雄大尉、海兵六八期）は救出作戦を立案して具申、七月二十日、「横鎮電令作第一六四号」救出命令に基づき、T－38型魚雷艇七隻をもって母島に進出、七月三十一日、五隻をもって作戦を決行した。（進出途中一隻が故障、他の一隻がこれを曳航帰投したため五隻となる）

七月三十一日一七〇〇、母島を出撃した艇隊は、無事北硫黄島に接岸して守備隊員三六名（海軍二四名、陸軍一二名）を救出し、魚雷搭載の司令艇を除く他の四艇に収容し、予定よりも一時間以上遅れて八月一日〇一〇〇過ぎ北硫黄島を離脱、母島へと帰投の途についた。約一時間半後、前方に雷を伴う大きなスコールを認めたので、これを避けて大きく左に迂回したところ、敵駆逐艦らしきもの一隻を前方に発見、全艇エンジンを停止した。

敵艦は我が方にまったく気づいておらず、距離約四〇〇〇メートル。司令艇においては、司令以下艇長および司令附（肥田）の間で、(1)相手方が気づいていない、(2)本作戦の目的が守備隊員の救出にあり、司令艇以外魚雷を搭載していない、(3)スコールを利用して避退可能なること、(4)下手に攻撃すると攻撃は成功しても、母島に帰着前に夜が明けるので敵機に捕捉されて、結局作戦の目的を達成し得ないおそれがある、等の意見交換があったが、司令は司令艇による魚雷攻撃を決断、他の四隻に帰投を命じ、自らブリッジに立って以後、直接戦闘を指揮したのである。

第２魚雷艇隊の司令を務めた倉崎安雄大尉。

「前進一杯」「魚雷戦用意」。司令艇乗員は司令の凛然たる号令を聞いて感奮するとともに身の引き締まる思いで戦闘配置についた。また、敵艦は停止のまま、まったく我が方に気づいていないので全員が攻撃の成功を確信したのである。

僚艇四隻はスコールを利用して避退しながら母島へ

と帰投していった。

艇位を目標の真横にとり射角〇度。号令は響く。「戦闘魚雷戦」「砲戦用意」。前甲板の二五ミリ機銃一門とブリッジ後方の二五ミリ一門に機銃員がついた。緊張の一瞬である。彼我の距離は約一五〇〇に迫ったが、依然敵艦には何の動きも感ぜられず距離はさらに迫る。

「発射始メ」。距離約一〇〇〇。「用意」「テエー」。全乗員が敵艦の轟沈を信じた。ところがである、「落射機*作動しません」という水雷員の悲痛な声が起こった。二本の二式魚雷は作動を始め、「シュー」という音をたて、スクリューも回転を始めているのに落ちないのである。レバーをいくら動かしても作動しないし、艇長以下全員で魚雷を外そうとしたが外れない。距離は八〇〇、七〇〇と迫り、ついに五〇〇メートルにまで迫った。このままでは体当たりしても鈍足のため魚雷が爆発する保証はなく、また爆発しても水面上の爆発で大きい効果はない。五〇〇以内に入ったところで、司令は急速転舵を命じたのである。無念やる方なかった

彼我の距離が二〇〇〇に開いた時、照明弾が打ち上げられたが、距離はますます開き敵艦の姿は視界から消え去った。しかし我々は追尾されていたのであった。約一時間半位経ち夜明けが近くなった頃、突然砲撃を受けた。敵艦速力は三〇ノット

以上。Ｔ－38型は鈍足ながら本来は二七ノット位であるが、この艇は機銃も二門増設し定員をオーバーしていて過重状態のため、速力が思うように上がらず、みるみる距離が縮まってきた上、エンジンルームからは、速度を落とさないと機械が焼きつくといってくる。

かくて〇五〇〇を過ぎて水平線から太陽が昇り始めた頃、ついに左エンジンが焼きついて片舷停止、艇はたちまち速力が落ちた上、左旋回を始めた。敵艦の近接で我が方の二五ミリが敵艦橋や舷側に届きだした頃、敵砲弾一発が左舷ガソリンタンクに命中して艇は一瞬にして爆発し、甲板の数名は海中に吹き飛ばされたが、司令以下は艇の轟沈と共に戦死した。母島南方約二五浬の海上で、ガソリンが数時間も黒煙をあげて燃え続けたのが望見されたという。

なお、帰途についた四艇は、司令艇の沈没地まで引き返し、漂流する生存者四名を救助揚収後再び帰投の途につき、敵機二機の攻撃を受け負傷者は出したもののこれをかわして母島に帰着した。時に昭和二十年八月一日一〇四五、実に終戦のわずか二週間前のことである。司令倉崎安雄少佐以下八名戦死、五名が負傷した。（以下略）

司令・倉崎安雄少佐と海兵同期の豊田穣氏の著書「同期の桜・完結篇」に、やはり同期の磯辺秀雄氏の以下のような回想がある。

「倉崎は少尉の時代から〝日本海軍は早く魚雷艇を持つべきだ。自分はその一号艇の艇長になりたい〟と熱っぽく語っていた。彼は第七駆逐隊勤務以後は、一般クラスメートとは異例な防備隊（横須賀防備隊、第六防備隊）、警備隊（ウエーキ島の第六五警備隊）、水雷学校、魚雷艇隊のコースを歩み、魚雷艇の開発育成、作戦の業務を続けてきた。これは彼の魚雷艇に対する異常な熱意、研究心、能力が評価されたためと思われる」

「彼にとって自分の愛する魚雷艇と運命をともにしたのだから本懐ではなかったかと、思われてならない……」

＊註：作動しなかった落射装置とはどの様なものであったか――

海軍水雷史刊行会刊「海軍水雷史」落射機の記述によれば、落射機の製作に先立ち、イタリアより購入した魚雷艇の落射機を使用して発射試験を行ない、概ね満足すべき結果を得た。この方式は高圧空気によって魚雷を甲板両舷から正横方向に押し出し落下させるものであった。この落射機の製造は、海軍工廠や関係軍需工場は各種兵器製造で満杯のため、海軍傘下の中小工場で行なうよう計画された。しかし高圧空気使用の装置を作るには、中小企業の設備、技術水準共に貧弱であった。やむなく、新しい落射装置の検討が始まり、呉海軍工廠水雷部提案による落射装置が採用された。なお、日本海軍が購入したイタリア魚雷艇の落射機は、高圧空気式ではなかったようである。

第3部

アメリカ海軍の魚雷艇

アメリカ海軍の魚雷艇戦略は、ヨーロッパ諸国に較べてかなり立ち遅れていた。仮想敵国（日本）との太平洋上決戦を戦略上の要としていた点では日本海軍と同じであった。

しかし日米開戦前に、ハワイ、フィリピン方面に魚雷艇隊を配備しただけ一日の長があった。日米間の戦雲急を告げるや、米海軍は魚雷艇の建造計画を推進し、開戦と同時に建造計画を強化した。

さらにガダルカナル戦以降の実戦経験を基に、戦闘地域や攻撃目標に対応して兵装を強化、重装備に耐えられるよう艇の性能向上に努力した。

米海軍魚雷艇隊の活躍により、西太平洋および南西太平洋洋戦域において、日本海軍艦船や陸軍上陸部隊は甚大な損害を受けた。宇垣纒連合艦隊参謀長をして〝生意気なモス〟と言わしめたことは既述のとおりである。

以下、アメリカ海軍魚雷艇の歴史と発展、およびその活躍について述べる。

第1章　マッカーサーと魚雷艇

マッカーサー（Douglas A. MacArthur）大将は、米国陸軍参謀総長のまま、国民軍創設のため一九三五年（昭和十年）十月にフィリピン陸軍顧問に就任した後、一九三七年十二月、米国陸軍を退役、フィリピン陸軍元帥の職に就いた。

日米間の戦雲怪しくなった一九四一年七月、米陸軍中将・極東軍司令官に復職、開戦後大将に任命された。日米開戦、日本軍のフィリピン占領時、魚雷艇によりコレヒドール島から脱出し、オーストラリアに逃れた。

フィリピン諸島防衛に魚雷艇を導入した陸軍大将マッカーサー（後の元帥）の優れた先見性が、自らの生命を救い、米軍反攻開始後に大戦果を上げる導火線になった。

米魚雷艇について述べるに前に、まず彼の魚雷艇導入に到る経緯を追ってみたい。

フィリピン防衛に魚雷艇を導入

マッカーサーは、フィリピン陸軍顧問の時代に、フィリピン諸島を敵（仮想敵国・日本）の攻撃から守るために充分な海軍力を備えることは難しいが、代わりに魚雷艇を保有することが有効であると考えた。

平時は海岸警備に、戦時には敵上陸部隊の輸送船を攻撃する目的で、一〇年計画で三〇隻の魚雷艇を持つことを提案した。

一九三七年二月～三月、彼がハフ（S. L. Huff）海軍補佐官をワシントンに訪問した時、高速魚雷艇の図面とスケッチを提出された。その後、マッカーサーはアメリカ海軍の関係部署と舟の性能やコスト等に関し熱心に折衝を繰り返したが、結局、アメリカ海軍計画中の魚雷艇採用を諦め、英国ソーニクロフト社製魚雷艇三隻の購入を決定した。

船長は一隻が六五フィート、他の二隻は五五フィートであった。速力は、試運転でそれぞれ四一・一九ノット、四六・五ノットを記録した。六五フィート艇は一九三九年四月に、五五フィート艇は一九三九年一月に、英国から送られた。日米開戦約三年前のことである。

魚雷艇の戦略的価値を認め、フィリピン諸島の防衛に採用した陸軍軍人マッカーサーは、さすがに優れた軍人というべきであろう。イギリスよりも遅れているアメリカの試作艇を待つほど、彼は気長でなかった。日米開戦をいち早く予見していたからに違いない。

日米開戦前、ハワイ、ミッドウェーに続き、米国第三魚雷艇隊がフィリピンに配置されたのは、マッカーサーの強い要望によったものであろう。

その魚雷艇が、日米開戦後、彼と家族の命を救い、その後の運命まで大きく好転させる結果になった。

コレヒドール島脱出

一九四一年十二月八日の日米開戦以後、怒濤の進撃を続けた日本陸軍は、翌年一月二日、マニラを無血占領した。マッカーサーはかねての作戦に従い、バターン半島に全兵力を集結、コレヒドール島に籠城を決め込んだ。

二月二十二日、ルーズベルト大統領からのコレヒドール島脱出命令に従って、マッカーサーは三月十一日、ウェインライト将軍と部下に後事を托し、コレヒドール島を

比島防衛に魚雷艇を導入したマッカーサー。

脱出した。

児島襄著「太平洋戦争（上）」とブライアン・クーパー（Bryan Cooper）の著作〝The Batlle of The Torpedo Boats〟を参考に、マッカーサー将軍の劇的なコレヒドール島脱出行について述べよう。

三月十一日、コレヒドール島より夕闇に紛れて四隻の魚雷艇が出発した。ジョン・バークレー大尉のPT41にマッカーサー夫妻、息子のアーサー、サザーランド参謀長ら九人と〝トージョウ将軍〟という名の猿が乗り、残る三隻（PT35、PT34、PT32）にロックウェル海軍少将ら幕僚一三人が分乗した。

魚雷艇の船体は厚さ約一センチのベニヤ板で、どんな砲弾にもひとたまりもなかったが、装備したパッカード・エンジン三基は最高速力五〇ノット（筆者註：速力についてはやや誇張か）、六〇〇キロの航続距離を持つ。

このエンジンを頼りに、まずカイヨ諸島のタガヤナン島まで突っ走る。情況によってはそこで潜水艦に乗る。でなければ、そのままミンダナオ島カガヤンに向かう。その後に島北部にある秘密の飛行場からオーストラリアに飛ぶ、というのが大将一行の脱出計画であった。

日本海軍の制海権下五六〇マイルの航海は、非常に危険である。日本艦船を避け、ミンドロ島西部を迂回、粗悪なガソリンに苦労しながら、カイヨ諸島タガヤナン島に到着した。エンジン不調のＰＴ32を潜水艦の連絡に残し（後自沈）、乗客乗員をＰＴ34に移し、昼間の航海を避け、午後六時三〇分、ＰＴ34、ＰＴ41、ＰＴ35の順で、ミンダナオを目指した。

途中、日本の巡洋艦に近接したが、荒天下の高波や沈む太陽の逆光に助けられ危機を逃れることが出来た。三七時間にわたる日本艦船、天候、魚雷艇自身の危険を克服し、十三日早朝予定の時刻に、ＰＴ34、次にＰＴ41、遅れてＰＴ35の順で、ミンダナオ島カガヤンに到着した。三月十六日夜、後にＰＴ41で脱出合流したフィリピン大統領と共に、マッカーサー大将一行は、秘密の飛行場から二機のＢ－17爆撃機に分乗、オーストラリアに向かった。

到着後、マッカーサーの第一声〝I shall return〟が、アメリカ国民の戦意を一層奮い立たせた。

マッカーサーと彼の家族を比島から脱出させた米第3魚雷艇隊の司令艇PT41。本艇は、太平洋戦争開戦前に比島に配備されたエルコ77フィート型6隻のうちの1隻。

マッカーサー脱出後の魚雷艇隊

マッカーサーを救った第三魚雷艇隊（六隻）がマニラに到着したのは、一九四一年十一月二十八日、太平洋戦争勃発の一〇日前であった。日本軍のリンガエン湾上陸に際し、輸送船を襲い撃沈したが、この戦闘で虎の子の二隻を失なった。制空海権を失ったマッカーサーにとって、四隻の第三魚雷艇隊が唯一の命綱であった。

彼は実に幸運な将軍というべきであるが、彼自身の実力が、運命をも手繰り寄せたのである。

マッカーサー脱出を指揮したバークレー大尉は、その後、日本艦船攻撃を続けるよう命令された。四月八日、バークレーのＰＴ41とケーリーのＰＴ34はセブ島東方において、日本軍駆逐艦を待ち伏せし、魚雷発射接近戦を敢行した。一隻に打撃を加えミンダナオ島の海峡に逃避した。この戦闘が、第三魚雷艇隊の最後の戦いとなった。

日本軍のセブ島攻撃下、ＰＴ34は航空機により四月九日、ＰＴ35は四月十二日に被弾沈没、ＰＴ41は、魚雷やガソリンを使い果たした後、ミンダナオ島ラナオ湖で四月十五日に自沈した。

フィリピン陥落前後四ヵ月間の英雄的行動によって、バークレー大尉は名誉勲章と殊勲十字章*を、ケーリー中尉とＰＴ41の艇長は殊勲十字章を授与された。

マッカーサーの命令により、オーストラリアに逃れ、後に米国に帰ったバークレーは、〝魚雷艇の有効性（特に太平洋諸島海域における）と独立した保守施設部門設置の必要性を強調し、八ヵ月以内に利用出来る二〇〇隻の魚雷艇を要求する〟というマッカーサーの書簡を持参した。

マッカーサーの要求は充足されなかったが、終戦までに南および南西太平洋に活躍した魚雷艇二一二隻の建造を促進したことは間違いない。

後にマッカーサー指揮下のアメリカ軍が、ミンダナオ島反攻作戦の上陸地点に、カガヤン（マッカーサーのフィリピン脱出時の上陸地点）とコタバトを選んでいるが、作戦上の理由はもちろんであろうが、彼のあくなき執念と人柄を感ぜざるを得ない。

＊註：名誉勲章と殊勲十字章――

米国の勲章制度において、名誉勲章（Medal of Honour）は最高の武勲者に授与される勲章で、殊勲十字章（Navy Cross）はこれに次ぐ勲章である。旧日本軍の金鵄勲章功一級と二級に相当する。

アメリカ海軍魚雷艇は、マッカーサー大将のコレヒドール島脱出という歴史的事件によって、太平洋戦争に華々しく登場したが、この時期にフィリピン海域で米国魚雷艇が活躍するとは、日本海軍の夢想だにしなかったことであろう。

第２章　米国魚雷艇の開発と建造

第二次大戦前に、第一次大戦とイタリアのエチオピア紛争における魚雷艇の活躍を経験したイギリスやドイツに比べ、アメリカ海軍は、魚雷艇の戦略的価値に対する評価を誤り、開発を怠った。

仮想敵国日本との決戦に、航空機と大型艦艇による太平洋決戦を想定していた点では、日本海軍と大差はなかった。しかし、アメリカ海軍は、航空救難艇シリーズなどの高速舟艇を建造し、国内では民需用レジャーヨットも多数建造されていたので、魚雷艇建造に必要な高度の技術的ポテンシャルと製造上の基盤はすでに確立されていた。日米工業力の差は魚雷艇建造においても歴然としていたのであった。

一九三七年一月に至り、アメリカ海軍パイ（Pye）提督と部下は、駆逐艦のごとく大きい艦艇にくらべ、建造期間も費用も遙かに少ない魚雷艇は、島嶼作戦の遂行上有効な艦隊を構成すると論じ、魚雷艇への関心が海軍内で一挙に高まった。

魚雷艇のデザインコンクール

時代は大戦前に遡るが、日米関係が緊迫すると共に、南太平洋・南西太平洋諸島の攻防に魚雷艇の必要性を痛感した米国海軍は、艇の建造を急ぐことになった。関係部署で、魚雷艇の性能や船体構造・材質等の検討を行なった。一九三八年半ばまでに、独創的な魚雷艇と新しい駆潜艇を含む小舟艇に関する大がかりな設計コンクールを開催することが発表された。その概要はつぎのとおりである。

一九三八年六月末にコンクールの条件が立案され、七月十一日に、製造業者と設計者に招待状が送られた。

このコンクールは、

「優秀者を決める一次選考と、その中から最優秀者を決定する最終選考である。一次選考に残った優秀者には一五〇〇ドル、各最優秀者には一万五〇〇〇ドルが与えられるが、最優秀者は設計に関するすべての権利を海軍に譲渡する。第一次選考は、一九三八年十一月三十日に終わり、最優秀者の発表は一九三九年三月二十一日とする。各舟艇は、一九三八年度第二次補正予算として計上された試験用小型船舶建造費一五〇〇万ドルで建造される」

というものであった。

コンクールの艇種は、船長五四フィートと七〇フィートの二種類であった。優勝デザインによって、五九フート艇、八一フート艇それぞれ四隻が、試作生産されることになった。

八一フート艇（ＰＴ５～８）のうち三隻は木造、一隻はアルミ製（ＰＴ８）であった。木造艇の二隻ＰＴ５と６は、優勝デザインにより、ヒギンズ社（Higgins Industries）によって作られ、木製の7号とアルミ製の8号は、フィラデルフィア海軍工廠で建造された。

ヒギンズは高速哨戒艇製作の経験を生かし、高速、強度、船体構造に独自のアイデアを入れ、6号（改）艇を自社費用で製作した。後に海軍当局が買い上げた。

米国海軍は、駆逐艦や潜水艦への攻撃効果を上げるため、英国艇の一八インチ魚雷に対し最初から二一インチ魚雷の採用を決定した。二一インチ魚雷の生産量不足が懸念されたが、関係者の協力により問題は解決された。

試作艇の完成は、一九四〇年半ば過ぎとなった。アルミ艇は、構造強度や操作性等に優れていたが、夏は暑く冬は寒く居住性が悪く、かつコスト高でもあり、試作に留まり実艇の建造に至らなかった。しかしその成果は、大戦後に実現されることとなった。

ヒギンズ艇の試運転は大変順調に進行したが、荒天テストで船体の強度や操縦性能において、後に述べるエルコ艇より劣った。その後、ヒギンズ社は、厳しい性能改善や兵装の高度化要求に対応、艇の改善に務めた結果、エルコ社と共にアメリカ海軍魚雷艇の主メーカーとなった。これらメーカーの艇建造経過を辿れば、日米海軍の魚雷艇に対する取り組み方に天地の差があることを認めざるを得ない。

エルコ艇の参入

コンクール艇の試作が進行する一方、第一次大戦中の大型モーターボートの量産企業・エルコ社（Elco：Electric Launch Company）は、スコットーペインが経営する英国ブリティッシュ・パワーボート社（British Power Boat）より、七〇フィート艇ＰＶ70を輸入した。(PT BOAT Museum 刊 "Early Elco PT Boat" によれば、エルコ社はＰＶ70とアメリカにおける製造権を三〇万ドルで購入した)

当時、エルコ社は、コンクールはリスクが大き過ぎると判断してコンクールを敬遠し、このＰＶ70艇を基準に改良を加え、魚雷艇建造供給メーカーとして名乗りを上げた。この艇をアメリカ海軍に持ち込み、採用にこぎつけるまでの経緯は、当時の軍主導一辺倒の日本に較べ興味深く、示唆に富んでいる。その経緯は次のごとくである。

まずエレクトリックボート社の副社長兼エルコ事業部長ヘンリー・Ｒ・サトファン（Henry R. Sutphen）が、一九三八年末に英国ブリティッシュ・パワーボート社と接触した。彼はパワーボート社の進んだ生産状況を見て、米国魚雷艇市場に参入する手段を思いついた。

一九三九年一月十三日、まさにデザイン・コンクールの結論が出る前に、海軍長官チャールズ・エジソン（Charles Edison）が、将官会議に対しパワーボート社の設計技術を獲得するよう提案した。エジソンは、エルコ社の工場があるニュージャージー州知事を務めていたことがあり、エルコ社が彼にエルコ艇採用を働きかけたものと思われる。

かくして二月に、サトファンと設計者アーウィン・チェイス（Irwin Chase）の両名が、パワーボート社を視察訪問する訪英スケジュールが決定した。
十六日に、将官会議はブリティッシュ・パワーボート社魚雷艇（七〇フィート艇）

を取得するエジソン案に同意し、米海軍は米国艇として同社製魚雷艇を取得すると示唆した。

十九日には、サトファンは購入の可能性を討論する海軍の会議に出席することを依頼された。

二月十日、サトファンとチェイスはエルコ社の費用で、ソーニクロフト、ボスパー、ブリティッシュ・パワーボートの三社を視察するべく英国に向けて出発した。

当時、英国海軍は将来の標準艇として、兵装上の問題から、パワーボート社の独自開発型七〇フィート艇（PV70）を外し、ボスパー艇を選択したばかりであった。ソーニクロフト艇は相対的に小艇で、ボスパーやパワーボートと比較にならなかった。

英国以外に販路を求めねばならなかったブリティッシュ・パワーボート社の社長スコット－ペインは、荒波のイギリス海峡で、華麗にして優秀なボート操縦により、エルコの視察者たちを魅了した。この運転に立ち会った海軍武官は、スコット－ペイン艇の動作は画期的だと報告した。

サトファンは三月十七日、海軍に六月出荷を条件に艇購入を申し出た。サトファンが英国を去る前に、エジソンが「海軍は艇が満足すべきものなら購入するだろう」と保証したと、伝えられている。

四月三日、ルーズベルト大統領は、米国の七〇フート艇と同じ値段であることを条件に、個人的に購入を許可した。

この船長七〇フートの艇は、ＰＴ９としてアメリカ海軍の船籍に登録され、かつ戦時中最も多く建造され活躍したエルコ艇の原型となったのである。

スコット－ペインは、優れた経営者、営業マン、ボート操縦者として後世に名を残し、エルコ社もまた、第二次大戦におけるアメリカ海軍の輝かしい戦果に大いに貢献することになった。

揺籃期の米魚雷艇（エルコ艇）

しかし、エルコ社にとってＰＴ９以後の受注は、必ずしも順調ではなかった。ＰＴ９は懸賞艇を反古にするほど優秀でもないという説や、対波性能上の欠点などを挙げる人たちがいたからであった。

決め手は、「エルコ艇はすでに実存する艇であるに比し、試作艇は半年以上も遅れること。緊迫した世界情勢の中で、実在する艇の方が、たとえそれほどめざましい物でなくとも、将来良くなる可能性を持つ艇より遥かに優れている」という見解であった。

図13　PT10型（PT18）

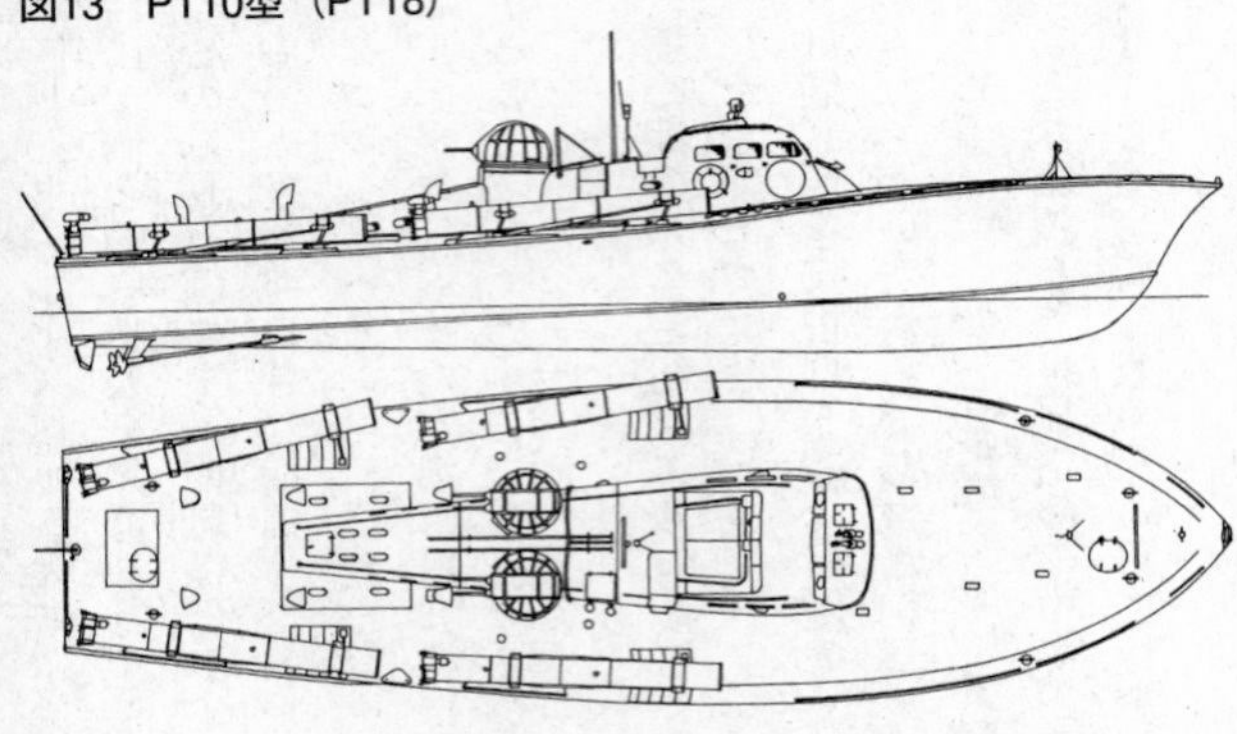

左舷発射管は発射位置、右舷は格納位置を示す

ここにアメリカ人の柔軟な発想を見ることが出来る。戦時中の硬直した日本人の思考との差を痛感せざるを得ない。

受注の決定は、十月九～十日の最終テストまで持ち越されることになったが、十月三日に、海軍の秘書官補佐は、一九三八年の試作艇計画予算残を用いて、一八ないし二〇隻のエルコ艇を購入することが出来ると示唆した。

エルコ社は、十月二十六日に将来の建造計画案を提出した。そして、一九三九年十二月十三日に、造船関係係官はPT9の後続艇二三隻の建造費用として、五〇〇万ドル（一隻当たり二一万七四〇〇ドル）を投下することに同意した。

もちろん、外国設計艇の採用には、厳し

い批判が浴びせられた。しかしエジソンは、「事態は急を要している。よい設計を待つより実働艇を持つ方が、はるかに良策だ」と明快に返答した。

エルコ社は完全な模範艇を持っていたから、ただちにスコット－ペイン艇の量産に着手することが出来た。


ＰＴ９（ＰＶ70）は、船用に改造されたロールスロイス一一〇〇馬力三基を搭載し、速力は四四・四ノット、完全装備時で四〇ノットを保持する計画であった。当時のイギリス魚雷艇に較べ、三〇トンといくぶん軽量で、船体は他の魚雷艇と同じく、ハードチャインのＶ型構造である。

武装は発射管に装備された直径一八インチ魚雷四本と二連装・五〇口径（一二・七ミリ）機銃二基である。

本艇の基本概念は魚雷攻撃と局地用駆潜であったので、将官会議はＰＴ９型を基本としてＰＴ10～20を魚雷艇に、他の一二隻を高速駆潜艇として建造させることを決定した。

ＰＴ９型艇の全長は七〇フィートであったが、ＰＴ20のみ七七フィートに改造された。かくして、エルコ社は米海軍最初の魚雷艇を生産納入することになった。

海軍当局はエルコ社に対し、発注ロット毎に船体構造の強化、操縦性の向上や兵装の高度化等の厳しい条件を提示し、PT21～44（第一次エルコ艇）、PT45～58、PT59～68（第二次エルコ艇）と小分けのロット発注がなされた。
大戦前に魚雷艇を完成納入したのは、コンテストに参画したヒギンス社やフックス社ではなく、まさしくエルコ社のみであった。

ベニヤ板ダービー（メーカーの選択）

エルコ社の先行に対し、コンテストに入選したヒギンズ社やハッキンス（Huckins）社も手を拱いている訳にはいかない。ましてやエルコ社より優れた性能すら認められているヒギンズ社にとって、一時も早い採用を期待し、海軍当局に対し積極的に受注活動を展開したものと考えられる。

海軍当局は、一九四一年七月と八月の二度にわたって"Plywood Derbies"と称する性能テストを、三社の艇について行なうことを決定し、このテストで良い結果が認められない場合には、七七フィート・エルコ艇は採用しないと強調した。
"Plywood Derbies"を直訳すれば、「ベニヤ板ダービー」である。船体がベニヤ板製の魚雷艇の競走ということになろうか。いかなる時にもユーモアを忘れないヤンキー魂が微笑ましい。

一九四一年七月に実施された第一回のテストには、エルコ（七七フィート艇ＰＴ20ほか）、新ヒギンズ（七六フィート艇、英国向け七〇フィート艇）、ハッキンス（七二フィート艇、後にＰＴ69、アルミ船体Ｐ８）三社の代表的な艇が参加した。

ダービーは、一九〇マイルを全速力で航行し、この間のスピード、船体強度、居住性、制御性能等々、魚雷艇が備えるべき性能全般について検討された。

ヒギンズ七六フィート艇は甲板に亀裂が入り、エルコ七七フィート艇も強度的な弱点を示した。

総合性能では、ＰＴ20が一位、他のエルコ艇が二位、三位はハッキンスＰＴ69、ヒギンズＰＴ６の順であった。

第二次テストは八月に、前回より五マイル短いほぼ同じコースで行なわれた。前回に比しはるかに苛酷な荒天下（横波六〜八フィート、縦波高さ一五フィート）で、テストが行なわれた。

ハッキンス艇ＰＴ69は構造上の損傷を受け、今回もエルコ艇がトップとなった。勝者エルコ艇にも構造上の問題があり、ＰＴ21に微少亀裂が発生した。ヒギンズ艇ＰＴ70においても、外板や甲板の止め金具に緩みが生じた。悪天候下、エルコ艇の最高速

図14　ヒギンズ78フィート型（PT209）

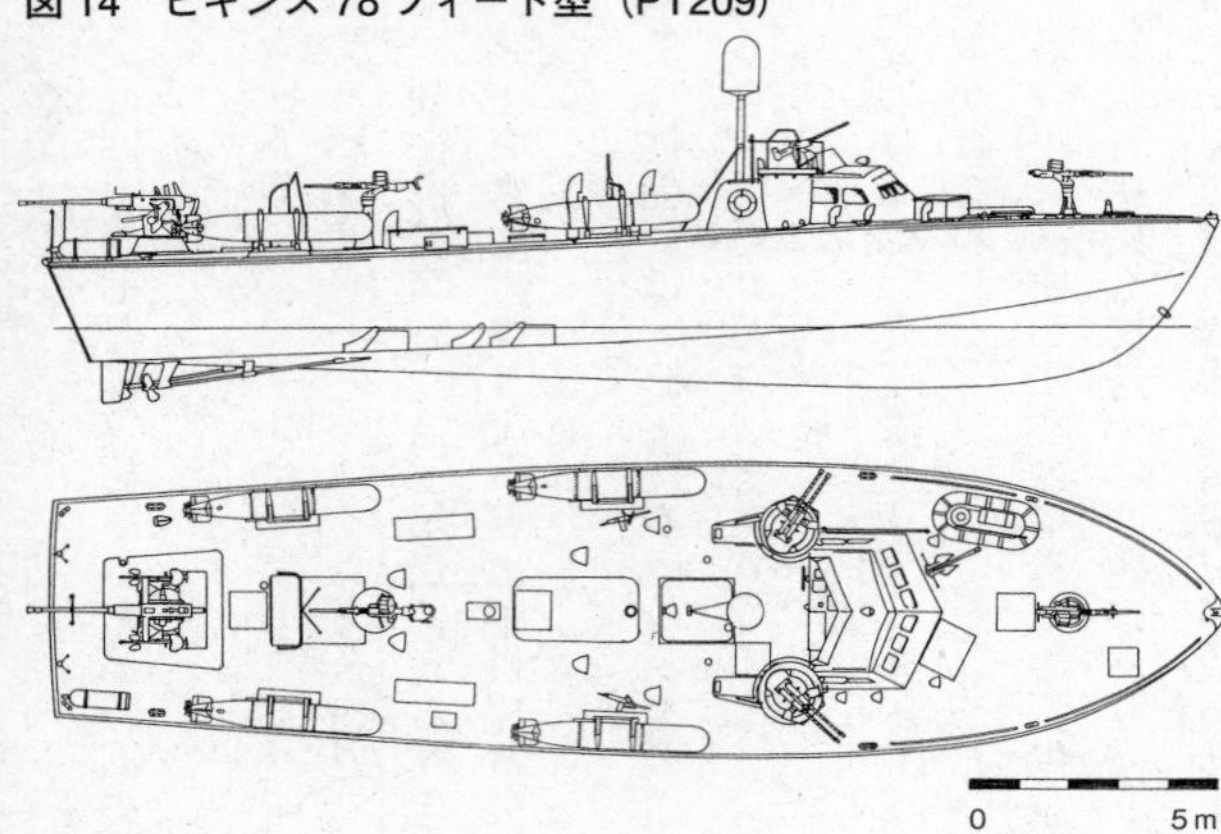

力は二七・五ノット、ヒギンズ艇は二七・二ノットにすぎなかった。

観測者たちは、駆逐艦ウィルクスが同じコースを勝利艇より二五分も早く完走した事実に強く印象づけられた。

当局は、荒天下において魚雷艇の能力を左右するのは、船体強度以上に艇員の耐久力であるとの結論に達した。

当局は十月に三二隻の魚雷艇発注予算を決定した。各社の状況と三月のコンテストやダービーの結果を踏まえ、一九四一年十一月十九日に、新しい性能要求を示してヒギンズ社にPT71～94、ハッキンス社にPT95～102の発注がなされた。しかし、この時エルコには発注されなかった。しかし、一九

図15　エルコ80フィート型（PT109）

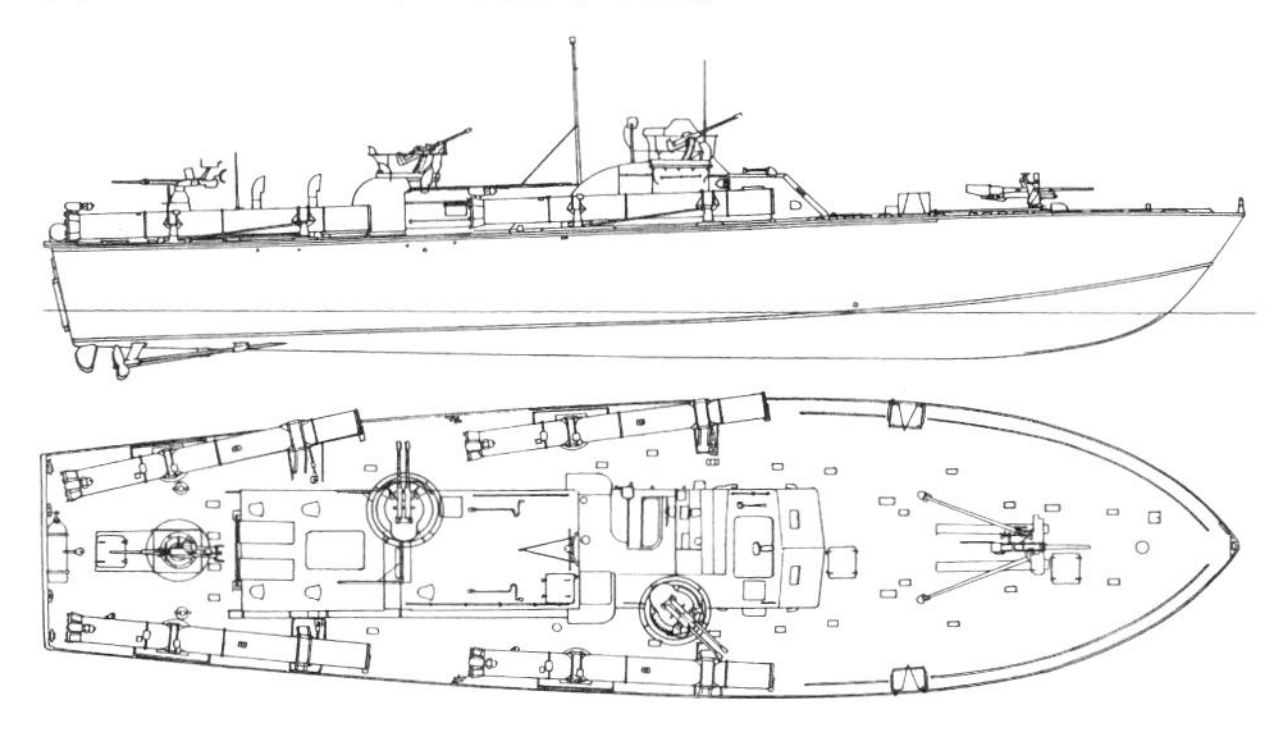

左舷発射管は発射位置、右舷は格納位置を示す

四一年秋の計画として一九四二年一月にPT103〜138がエルコに発注された。

結局、ヒギンズ七八フィート艇（PT71）とエルコ八〇フィート艇（PT103）が、その後の戦時標準型となった。ハッキンスはダービーに好成績をおさめたが、艇が華奢で苛酷な実戦に適せず、結局PT95〜102とPT255〜264のわずか一八隻の発注に留まった。

日米開戦以前に建造予算が計上された艇は、エルコ艇138まで、そのうち竣工後配備についたのはエルコ艇（PT10〜48）のみであった。

ソロモン海戦に突如現われ日本海軍に打撃を与えた魚雷艇群は、戦前に発注され一九四二年までに竣工したエルコ艇であった。

エジソン氏の〝事態は急を要している。よい設計を待つより実働艇を持つ方が、はるかに良策だ〟という明快な発言の通り、エルコ艇の採用は成果として実現した。二度にわたるベニヤ板ダービーによって、魚雷艇の基本的な性能は確立し、実戦に適した船体の改良や兵装も整備された。

この時から増産は順調に進展し、米国は英国や同盟国へも魚雷艇を供給する魚雷艇大国に成長した。

戦時中の魚雷艇建造計画と実績

日本軍のハワイ急襲により多くの戦艦を失った米海軍は、日本艦隊とのバランスを失い速やかに戦力の増強を図らねばならなかった。

高速力で日本海軍の駆逐艦や巡洋艦に肉迫攻撃可能な、しかも短期間に建造可能な魚雷艇は、急に脚光を浴びることになった。さらにフィリピン海域におけるマッカーサー救出に成功したバークレー大尉率いる第三魚雷艇隊の活躍は、太平洋戦略における魚雷艇の重要性を一層認識させる結果となった。

このような状況下で、戦時魚雷艇建造計画*が立案実施された。

表４　米国海軍魚雷艇建造実績

魚雷艇番号	各国向生産数			全建造数	契約破棄	合計
	米国	ソ連	英国			
1940 実験艇PT1-19	1	－	18	19	－	19
1941 77' Elco 20-68	39	－	10	49	－	49
1941 72' Huckins＊69	1	－	－	1	－	1
1941 76' Higgins ＊70	1	－	－	1	－	1
1942 78' Higgins 71-94	14	4	6	24	－	24
1942 78' Huckins 95-102	8	－	－	8	－	8
1942 80' Elco 103-196	94	－	1	94	－	94
1943 78' Higgins 197-254	56	1	1	58	－	58
1943 78' Huckins 255-264	10	－	－	10	－	10
1943 78' Higgins 265-313	31	18	－	49	－	49
1943 80' Elco 314-367	54	－	－	54	－	54
1943 Scott-Paine 368-371	4	－	－	4	－	4
1943 80' Elco 372-383	12	－	－	12	－	12
1943 70' Vosper 384-449	－	50	16	66	－	66
1944 78' Higgins 450-485	36	－	－	36	－	36
1944 80' Elco 486-563	78	－	－	78	－	78
1944 70' Higgins ＊564	1	－	－	1	－	1
1945 80' Elco 565-624	58	－	－	58	2	60
1945 78' Higgins 625-660	9	23	－	32	4	36
1945 70' Vosper 661-730	－	32	－	32	38	70
1945 80' Elco 731-790	－	30	－	30	30	60
1945 78' Higgins 791-802	－	－	－	－	12	12
1945 80' Elco 803-808	－	－	－	－	6	6
1945 70' Vosper 番号なし	－	8	40	48	－	48
1951 実験艇 809-812	4	－	－	4	－	4
合計	511	166	91	768	92	840
70' Elco	－	－	10	10	－	10
77' Elco	39	－	10	49	－	49
80' Elco	296	30	－	326	38	364
78' Higgins	146	46	7	199	16	215
78' Huckins	18	－	－	18	－	18
実験艇	8	－	7	15	－	16
Scott-Paine	4	－	1	5	－	5
Vosper	－	90	56	146	38	184
合計	511	166	91	768	92	840

注　①＊は実験艇を示す。②Scott-Paine368-371は、カナダにて米海軍用に建造。③PT498-521、552-563は、戦後地中海からソ連に移管。④PT613、616、619、620は大韓民国に移管。⑤エルコにて建造されたPTC1-12の駆潜艇は含まれない。

――Bob Ferrell “Mosquito Fleet” より作成

この計画は、一九四二年三月に認可された第一次大増産計画に始まり、一九四四年三月の第七次ソ連邦向け貸与艇建造計画で終わっている。

＊註："U. S. Small Combatant" p. 154 The Wartime PT Program

初年度計画では一九四二年三月～五月の期間に、エルコ五八隻、ヒギンズ五八隻、ハッキンス四隻の計一二〇隻が発注された。

第二次計画では一九四二年八月から十月の期間に一四八隻（うち一八隻のソ連向け貸与艇を含む）の予算が計上された。

第三次継続計画として一九四三年三～五月に九六隻、第四次継続計画として一九四四年三～五月に九六隻、第五次継続計画として一九四五年三月に四八隻、以上が米国海軍用であり、その他に英国のためにヴォスパー（Vosper）艇六六隻を、さらにソ連貸与艇九〇隻の建造計画を決定した。以上の建造計画に従って海軍が期待する魚雷艇は順調に竣工し、戦列に加わった。

一九四二年七月二十二日付けで海軍当局は、エルコ副社長サトファンに対し、エルコ事業部の比類なき生産性と全従業員の熱烈な愛国心を称える感謝状とともに、名誉を称え工場に掲揚する旗と従業員への褒賞として襟章を贈っている。正に海兵隊ガダルカナル上陸の半月前でのことであった。

魚雷艇建造が、窮地にあった米海軍の作戦遂行上、いかに大きく期待されたプロジェクトであったかを、感謝状は物語っている。

日米両国における魚雷艇建造の実態に、国力以上の差を痛感せざるを得ない。

戦時魚雷艇建造計画の年度別、メーカー別、納入国別の実績は前表のごとくである。

第3章　兵装とエンジン

既述のごとく、日本海軍は魚雷艇の性能を犠牲にし、建造隻数の確保に奔走せざるを得なかったのに較べ、米国海軍は試作段階から戦争終結まで、常に装備や船体を実戦に即して改良を行なっている。魚雷発射装置の改良、レーダー、煙幕装置、カモフラージュ等を随時付加し、戦闘地域に適した火器を装備することによって、魚雷艇の戦果をより一層高めることに成功した。もちろん、すべての改善改良が順調に推移した訳ではなかった。

また、魚雷艇の武装強化と高速化を実現できたのには、強力な船用エンジンの存在がある。

以下若干の例を挙げ、参考に供したい。

魚雷の改良

魚雷艇開発の初期、英国仕様一八インチ魚雷は米国標準でなく、駆逐艦用二一インチ魚雷マーク8「直径五三三ミリ、長さ六メートル五一センチ」を採用したことは既述のとおり。魚雷の重量増加に対応して、船長は七〇フィートから七七フィートに変更された。しかもマーク8の生産は難航し、艇の竣工後、魚雷を装備せず出港し、帰港後改めて装備するという状況であった。

海軍当局はマーク8を諦め、攻撃力の向上を意図して航空機用魚雷マーク13（直径五七二ミリ、長さ四メートル九センチ）の採用に方針変更した。

航空魚雷マーク13の生産も厳しい状況下にあったが、ミッドウェー海戦頃から生産は軌道に乗り、魚雷艇にも潤沢に供給される体制が整った。当時、魚雷の型式変更は、大きな決断であったが、米工業力は見事に問題を解決した。

魚雷の大型化は、艇の攻撃力を著しく増すことになった一方、魚雷の重量増加に伴って、さらに船体の強化が必要となった。エルコ艇は七七フィート（ＰＴ10以降ＰＴ68まで）からさらに八〇フィートとなり、エルコ標準艇が確立された。

発射装置の改良

魚雷発射装置は、ヒギンズとエルコに若干の相違はあるが、エルコ艇について魚雷発射の操作を説明する。

米魚雷艇の落射機から発射されるマーク18魚雷。転がり落ちようとする魚雷のスクリューはすでに最高速で回っている。

射出機（金属製円筒）内に魚雷を挿入保持し、戦場において敵艦を攻撃する際、所定の角度に射出機を操作設定後、圧縮空気によって魚雷の推進プロペラを回転させると同時に爆薬に点火し海面に魚雷を射出する。

魚雷は、内部の装置ジャイロスコープの方向指示に従い、敵艦に向かって進行、敵艦船に命中爆発すれば成功である。しかし、荒天下では発射装置の操作が難しく、発射筒が船体に近接しているため、発射時に魚雷と船体が接触し発射方向に狂いを生じたり、射出された魚雷が海面上で強い衝撃を受け、精密機械であるジャイロスコープが損傷する事故等が生じた。

射出された魚雷は時速四四ノットで高速疾走するので、ジャイロスコープが機能を失えば、味方にとっても非常に危険である。さらにこの射出機は、爆薬の点火時、魚雷挿入時に潤滑に用いられた油脂やグリースに着火し火炎が発生した。夜間の隠密攻撃を日本軍に知られ、ガダルカナルの東京急行襲撃作戦の戦果を削減することになった。

一九四三年二月、マンハッタンのバーで、PT188乗員の中尉二人が夕食の雑談中、従来の射出機に代わる新しい落射装置案が生まれた。この案はさっそく実験に移され、完成した。

この案は、装置の重量軽減、甲板面積の活用、命中率の向上等々、一石三鳥以上の成果を上げ、戦時中における諸改善の中で、最高と賞された。

その他の兵装の改善

ガダルカナル以降、実戦の経験をもとに、魚雷艇の戦闘海域や作戦に適した兵装に改善し、新兵器を搭載した。島嶼攻撃には陸上部隊攻撃に適した火器を、航空機には対空砲火、潜水艦には爆雷をと、それぞれ戦闘目的に応じて、装備を変えた。

太平洋全海域、地中海海域やノルマンディ作戦と広範囲にわたって魚雷艇隊が活躍し得たのは、整備基地の充実と兵器や交換部品を潤沢に補給した後方部隊の支援態勢、これらを支えた強力な工業力である。

次頁表に示すごとく砲艦に変更されたエルコ艇PT59（一九四三年十月）は、すでにレーダー装置を装備している。

前出オルモックよりの帰途、米軍魚雷艇に暗夜の急襲を受け戦死した丹羽司令は、彼我のレーダーの有無、兵装の差を痛感したに違いない。ロケット砲など新鋭火器を搭載、爆雷、煙幕発生装置、艇の迷彩などが追加され、開戦初期の兵装が、急速に変化補強されたのである。

パッカード・エンジン

魚雷艇開発は、英独伊より遅れていたにもかかわらず、米海軍は第二次大戦後期には世界最大の魚雷艇大国に成長したことは既に述べたとおりである。

米海軍は、第一次大戦以後も高速救助艇や駆潜艇などの高速舟艇の開発と建造を継続し、魚雷艇建造のために必要な技術と設備を保有していた。

民間のレジャーボート熱が旺盛で、民間のヨット製造会社は、第二次大戦前すでに大型高速舟艇を量産しており、魚雷艇の製造技術や量産設備を持っていた。

表5　米国魚雷艇の兵装の変遷

	魚　雷	機　銃	爆　雷	レーダー	主　機
PT18（エルコ） ①1941. 8 ②PT10～18 ③70′ －0″ ④40 t	18″× 4	.50口径連装 × 2	なし	なし	パッカード 4M2500× 3 3600BHP
PT34（エルコ） ①1942. 4 ②PT20～44 ③77′ －0″ ④40 t	21″Mk8× 4	.50口径連装 × 2 ルイス.30口径 × 2	なし	なし	パッカード 4M2500× 3 3600/4050 BHP
PT65（エルコ） ①1943. 3 ②PT45～48 59～69 ③77′ －0″ ④46 t	21″Mk8× 2 Mk18 mod1 発射管×2	.50口径連装 × 2 20㎜Mk4 × 1	8	なし	パッカード 4M2500× 3 3600/4050 BHP
PT59（エルコ） ①1943. 10 ②PT45～48 59～68 ③77′ －0″ ④40 t	なし （砲艇に変更）	40㎜Mk3 × 2 .50口径 ×14（？）	なし	SO-A	パッカード 4M2500× 3 3600/4050 BHP
PT109（エルコ） ①1943. 8 ②PT103～196 ③80′ －0″ ④38～40 t	21″Mk8× 4	.50口径連装 × 2 20㎜Mk4 ×1 37㎜M3×1	Mk6× 2	なし	パッカード 4M2500× 3 3600/4050 BHP
PT209（ヒギンズ） ①1944. 8 ②PT197～254 265～313 ③78′ －6″ ④38 t	22.5″Mk13 × 4 改良型落射機	.50口径連装 × 2 20㎜Mk4 × 1 40㎜M3× 1 .30口径× 2	なし	SO-A 煙幕発生装置	パッカード 4M2500× 3 3600/4050 BHP
PT565（エルコ） ①1945. 8 ②PT565～622 ③80′ －0″ ④50 t	22.5″Mk13 × 4 改良型落射機	40㎜Mk3 × 1 37㎜× 1 20㎜× 1 .50口径× 2 5″ロケット× 2	なし	SO-A 煙幕発生装置	パッカード 4M2500× 3 3600/4050 BHP

注　それぞれ太字の艇の兵装を示す。①竣工年月、②同型艇名、③全長、④排水量
――"U. S. Small　Combatants" より作成

魚雷艇の武装を強化し高速化を可能にした強力な主機械・舶用パッカード・ガソリンエンジンは、当時すでに他の舟艇用主機関として使用されていた。日本海軍との決定的な違いは、右のごとく魚雷艇建造に必要な基礎が充分に整備されていたことである。

米海軍にはパッカード（４Ｍ２５００）があり、イタリアにはイソッタフラスキーニ（Isotta Fraschini）のガソリンエンジンがあったのである。

第一次大戦時、駆潜艇等の木造小舟艇のガソリンによる火災の危険を経験した米海軍は、当然高速舟艇用機関として、ディーゼルエンジンの採用を検討した。しかし、機械重量とスペース効率の低さからディーゼルエンジンの使用を諦め、ガソリンエンジンの採用を決定した経緯がある。

第二次大戦中、ディーゼルエンジンを魚雷艇に採用したのは、大型の魚雷艇を建造したドイツのみであった。

舶用パッカード・エンジン４Ｍ２５００が生まれる経緯を述べる前に、まずエンジンの生みの親ともいうべき歴史的人物、ガーフィールド・ウッド（Garfield Wood）准将とＪ・Ｇ・ヴィンセント（J. G. Vincent）大佐の業績について報告しなければならない。

ウッドは、一九二〇〜三〇年代アメリカ高速競走艇の船体構造の改善や高出力航空エンジンの舶用化を積極的に推進した人物である。富豪の事業家であった彼は、親密な関係にあったパッカード社に莫大な資金を投じ、有名な七〇〇馬力リバティー(Liberty)航空エンジンの舶用化を推進した。この舶用エンジンを搭載した彼の競走艇は、国際的なスピード競技大会で、一〇年間にわたって英国スコット－ペイン艇等に対し勝利を譲らなかった。

一方、パッカード社のヴィンセント大佐は、自ら設計した七〇〇馬力リバティー航空エンジンをベースに、信頼性の高い軽量の舶用エンジン一二〇〇馬力を製作した。さらにエルコ社とタイアップし、馬力当たり重量の軽減や生産性を考慮した改善を加え、出力を一三五〇馬力さらに一五〇〇馬力と増加し、信頼度の高い一二シリンダーV型舶用ガソリン・エンジン4M2500を完成したのである。

このエンジンは、魚雷艇の性能と兵装を強化することに貢献し、さらにその他高速舟艇用エンジンとしても使用され、一九三九年の生産開始以来、一万二〇四〇台が生産された。

日本海軍の七一号六型エンジンの生産台数に較べ、約三五倍の生産数である。あまりの大差にただただ驚くのみ。

戦後は、魚雷艇の大型化と効率の良いガスタービンの出現により、さすがの名エンジンも消滅する運命になった。

第4章　魚雷艇隊の編成と基地

魚雷艇隊の編成

魚雷艇隊の編成や支援の基地整備ついて調べると、米海軍は日本海軍と対比して、戦略的な展開を用意周到かつ果断に実施したことを知ることが出来る。

米海軍の魚雷艇隊は原則として、同じ造船所製の一二隻の魚雷艇で編成された。初期の編成は、造船所の建造数の相違や艇建造数の不足のため、艇隊の構成隻数は原則と異なっている。

たとえば、第一魚雷艇隊（ハワイからミッドウェー基地）は、一九隻の七七フィート・エルコ艇、第三魚雷艇隊（フィリピン駐在後全滅）は六隻の七七フィート・エルコ艇、後に七七フィート・エルコ艇一六隻に再編成され南太平洋戦に参加した。

艇の戦闘隊形は、基本的に四艇または三艇が一グループとして攻撃態勢をとり、目標の大きさに応じて三グループ計一二隻、または四グループ一二隻で行動した。

大戦中に編成された魚雷艇隊数は四五、戦闘に参加したのは第一～第四〇魚雷艇隊（第四を除く）であった。第四一～四二艇隊は試運転中戦争終結のため太平洋海域に出撃せず、第四三～四五艇隊はソ連に貸与された。

第四魚雷艇隊（教育訓練部隊）は、七七フィート・エルコ艇一八、七八フィート・ハッキンス艇八、七〇フィート・ヒギンズ艇一、七八フィート・ヒギンズ艇九、七七フィート・エルコ艇一八、合計五四隻の大部隊であった。

戦闘参加艇の約一割が教育に充当されたことからも、海軍当局の教育訓練重視と周到な準備計画の姿勢がうかがえる。

隊の戦闘海域は、南太平洋海域に一三魚雷艇隊（うち七隊は引き続き南西太平洋海域に参戦）、南西太平洋海域に一三魚雷艇隊（うち二隊はアリューシャン列島より回航）、従って南西太平洋海域に参戦した魚雷艇隊は二〇、艇数にしておよそ二四〇隻であった。

さらに太平洋艦隊所属五艇隊、地中海海域に三艇隊、イギリス海峡に三艇隊、ハワ

米海軍は戦局の推移に従って各地に魚雷艇の基地を設営していった。写真はジャングルを啓開してつくられたニューギニアの基地で、樹木と擬装網で隠蔽されている。

イ地区二艇隊が配置された。
艇の乗員は将校と兵計一三名で構成され、先任将校が司令として司令艇に搭乗した。

基地の設営

魚雷艇は、航空機と同じように熟練した陸上勤務者による定期的保守が必要であり、その支援基地が、戦局の進展と共に迅速に作戦海域に建設された。
基地の任務は、通信センターやエンジンと電気機器の修理、大工仕事、ドライドックや弾薬・燃料の供給だった。同時に、隊員に対する居住、給食、娯楽、その他雑多なサービスを提供した。標準的な基地の要員は、将校一一名と下士官以下二四二名で構成された。

一九四二年九月のガダルカナル戦の緒戦、日米激突の最中に、ニューカレドニア島ヌーメアに南太平洋海域最初の基地(魚雷艇積み卸し基地)が設立された。続いて一九四二年十月にはヌーメア北方ニューヘブリディス諸島エスピリトゥサントにエンジン分解手入れを行なう基地第一、二、三、一五を建設した。同じく十月にツラギに基地第一、二、八を建設し、ここに南太平洋魚雷艇司令部が置かれた。

戦局の西方移動に従って、ソロモン諸島に二三の基地を、さらにフィリピン、ボルネオ海域に二一の基地を設営し、魚雷艇隊活動の後方支援が行なわれた。

ソロモン海戦から西に展開された南西太平洋海戦、フィリピン制圧に到る期間の基地建設経過を辿ると、*米海軍の周到かつ緻密な計画、自信に満ちた作戦遂行の実状を察知することが出来る。

*註:List of PT operation bases:"The United States Mosquito Fleet" Bob Ferrell より。

既述のごとく第二七魚雷艇隊の丹羽司令がオルモックに陸軍要人を移送しセブ島への帰途、米魚雷艇と遭遇、戦闘の後戦死した一九四四年(昭和十九年)十一月十五日から一ヵ月半後の十二月二十八日に、オルモックに米魚雷艇の前進基地が設営され、一九四五年一月九日にはルソン島反撃が開始されている。

魚雷艇戦略を推進するために、攻撃目標地域や海域に、まず基地を設営整備する周到な計画が、魚雷艇の戦果を向上させたのである。

では、限られた燃料で長距離自走は極めて困難な魚雷艇の戦場海域への移動を、どのように実行したのだろうか。

ハワイからミッドウェーへの自力走行が記録的な最長移動である。以後は運搬船により基地へ送られた。最初の運搬船三隻は、長さ約二七五フィート、排水量二三〇〇トンの改造ヨットであった。この運搬船は最初に建設された基地と同じように、お粗末なものであった。

つぎに戦車揚陸艦改造型（長さ三二八フィート、三七五四トン）九隻が、一九四三年六月に投入された。一九四四年、最終的に魚雷艇を効率よく荷役出来る二隻の巨大な専用運搬船（四一三フィート、一万一〇〇〇トン）が加わり、魚雷艇の戦力は著しく増強された。

第5章　戦後の魚雷艇と隊員たち

一九四五年の夏、フィリピンの一七基地は、世界で最大最良の基地となり、倉庫には調達品や補修部品のために必要な資金数百万ドルが準備された。魚雷艇部隊は一〇〇〇人の士官と一万人の兵士を越える巨大な力に成長した。

三〇の魚雷艇隊が就役し、二一二隻が日本侵攻作戦に備え訓練中であった。

魚雷艇の戦後

戦争終結の年、一九四五年末までに、三つを除いてすべての魚雷艇隊は退役した。西太平洋所在の艇は、点検後、一一八隻は不良とされ再生可能な部品素材を取り外した後、サマールの海岸で焼却された。その炎は十一月から十二月にかけて、サマールの海を真っ赤に染め続けた。彼らはその目的を充分果たしたが、軽量木材構造のために、将来の使用見込みはなく、保存されるにも到らなかったのであった。

愛艇をフィリピンの海中に葬り、凱旋帰国した隊員たちの心中には複雑な思いがあったに違いない。

太平洋の残存艇の処理は、処分委員会により決定された。米国内の艇は、戦時船舶建造部門より、一隻当たり高々五〇〇〇ドルで売却された。一九四六年四月にはわずか四隻の舟艇（ＰＴ６１３、６１６、６１９、６２０）が就役するのみとなった。

国内で売却された艇は、船長を短縮され、観光船や蛎船、フェリーなどに生まれ変わり、原型を留めなかった。

国外では、英国、ソ連、ユーゴスラビア、フィンランド、アルゼンチンやフィリピン等に譲渡または売却された。

戦後、魚雷はロケットやミサイルに置き換えられ、航空機の発達により、海の勇者モスキートの活躍を再び見ることは出来ない。

パッカードエンジンもまた小型舟艇用主機械の座をディーゼルエンジンに、やがてガスタービンに譲り、輝かしい生涯を閉じたのである。

魚雷艇隊員の戦後

各基地から凱旋した魚雷艇隊員たちは、南海に散った戦友やサマール海岸に燃えつきた愛艇を想い、戦艦、空母、巡洋艦等で凱旋した兵士たちとは違った感懐を抱いた様子であった。第二次大戦中、最も多く活躍し戦果を挙げた魚雷艇隊に対する海軍上層部の評価は、艦隊や航空隊に比し高くなかったと、遺族は語っている。

戦後ほどなくして、一魚雷艇隊員のクリスマスカードの交換から、旧魚雷艇隊員、基地および輸送船の旧隊員を含めた親睦団体が発足した。やがてこの親睦団体は非課税公益法人ＰＴボート社（PT Boats Inc.）として認可され、歴史教育活動や魚雷艇に関する資料の収集、記念品や図書販売、魚雷艇博物館の運営等の業務を行なうまでに発展した。

さらに隊員とその家族子弟相互の親睦団体として、年二回五五ページにもなる機関紙を発行し、年一度の全国的集会を続け、隊員の死後も遺志は夫人や子孫に引き継がれている。

我が国でも同じ釜の飯を食った戦友たちの親睦団体は多数存在しているが、いずれも会員の老齢化により活動は停止や縮小状態にあり、やがて消滅の運命にある。

先人の記録が、一代で途絶えしまう日本と、先人の足跡、記録を後世に受け継いでゆくアメリカ、いずれの国民に未来は開けていくだろうか。

PTボート社と博物館を訪ねて

米魚雷艇に関する図書写真や文献を見ていると、"PT Boat Museum"（PTボート博物館）という引用元をしばしば見かける。

ワシントン在の知人にその所在調査をお願いすると、米退役海軍将校アル・ヘイシング（Al Heisig）氏からのアドバイス「PTボート博物館と共にPTボート社も訪ねると良い」を付して、メンフィス同行通訳も引き受けてくれるという願ってもない返事をいただいた。さっそく友人の厚意に甘え、メンフィスにあるPTボート社とマサチューセッツ州フォールリバーのPTボート博物館を訪ね、米魚雷艇の調査を進めることにした。

PTボート社の創立者ジミー・ニューベリー（Jimmy Newberry）氏こそ、先に述べた親睦団体発足のスターターである。氏はすでに他界されていたが、令夫人アリス（Alyce）さんと、ご息女アリス・メアリー・ガスリー（Alyce Mary Guthrie）さんにお会いすることが出来た。

お嬢さんは、PTボート社の副理事長として、父の志をつぎ、会の運営に献身的な努力をしておられる様子であった。

ＰＴボート社の創立の経緯についてうかがったところ、彼女から機関紙に記載された経歴のコピーをいただき、お父さんニューベリー氏の経歴と設立の経緯に関し詳しい経過を聞くことが出来た。以上の資料をもとに概要を紹介すると次のごとくである。

彼女の父ジミー・ニューベリー氏は一九一〇年、アーカンサス州の田舎フィンチで生まれた。当時、家庭は裕福でなかったので、志を立て一六歳で海軍少年志願兵の道を選んだ。厳しい訓練に耐え四年間の艦上勤務を終えた後、一九三〇年に退役し、メンフィスで父が経営する石油装置関係の仕事に就いた。事業は順調に進展し、一九三九年、父の死去により会社を継承した。

第二次大戦勃発により海軍に志願、四二年七月、魚雷艇の操舵手（coxswain）として再び軍務に服することになった。

メリービル（Melville：魚雷艇教育施設の所在地、ニューヨーク州）で教育を受けた後、第九魚雷艇隊傘下のＰＴ１５５に乗った。マッカーサーがフィリピン脱出時に活躍したＲ・Ｂ・ケーリー氏（前出）が第九魚雷艇隊司令として同乗した。

艇はパナマを経て基地ヌーメア到着、以後自走してツラギに入った。ここを基地としてガダルカナル島への東京急行を邀撃し戦果を挙げた。

ガダルカナルの戦いが米軍の勝利に帰し、戦局は中部ソロモン諸島に移った。米軍第二、六、九、一〇四魚雷艇隊は、レンドバ基地に移動し、日本軍基地のあるニュージョージア島（ムンダ飛行場）、コロンバンガラ島へ物資補給する「東京急行」の巡洋艦・駆逐艦や貨物船を襲撃し、米軍の上陸を援護した。

日本海軍駆逐艦との夜戦（一九四三年七月十二日、コロンバンガラ沖夜戦）において、ケネディー中尉指揮のＰＴ１０９が、駆逐艦「天霧」に衝突、切断されたことは既述のとおり。

この時、ＰＴ１５５とＰＴ１５７はムンダ湾内深く進入し、約二一隻の運送船を沈める戦果を挙げた。暗夜の湾内を脱出する時、両岸から集中砲火を浴び、ニューベリー氏は負傷した。一九四四年夏、魚雷艇訓練センター勤務となり、戦争終結後の四五年九月に退役した。

帰還後、彼の鉄骨加工業と石油設備販売の事業は順調に拡張発展し、さらに多くの企業や業界団体の要職を兼務し、実業家として成功した。

戦後、ニューベリー氏は、かつての戦友・第九魚雷艇隊員や関係者との交友を続けたいと考え、彼らに六〇通のクリスマスカードを送った。これが契機となり、多くの戦友たちが交流を希望、やがてクリスマスカードは「ＰＴボート通信」に発展し、ほどなく二〇ページの「ＰＴボート通信」を一〇〇〇部発送する規模に成長した。

　当時、ワシントンの海軍図書館を含め海軍の公的機関には、魚雷艇に関する資料は一切保管されていなかった。

　ニューベリー氏は、一九六九年に"Boats"を設立し、ＰＴボート通信を通して仲間に、魚雷艇隊の写真や記録を送るよう依頼した。反応は非常に早く、送られてきた資料はたちまち彼の事務所の二部屋を満杯にした。

　これらの資料の一部は、事務所内の部屋に整理保存されているが、その多くはＰＴボート博物館に移され展示されている。


　戦艦、巡洋艦、潜水艦等が展示されているマサチューセッツ州フォールリバー・バトルコープ敷地内のＰＴボート博物館を訪ねた。訪問の報せに待機していた係官のドナルド氏より、博物館と魚雷艇の展示館内を詳しく案内された。

　博物館は、戦艦マサチューセッツの艦内に設けられ、各魚雷艇隊員が戦地で収集した資料、日本海軍軍人の遺品、子供や妻、両親知人からの手紙、千人針、武運を祈る日章旗などが、収集した各艇隊毎に区分整理され保管展示されていた。南方の諸島に

PTボート博物館にあるPT617の後部右舷落射機脇に立つ著者（左）と職員のドナルド氏。

散った日本兵士の無念を思い、これら遺品の所在を、遺族の方々に知らせることが出来ればと思った。

日米の魚雷用ジャイロスコープが並べて置いてあったが、日本製は米国製に較べ一回り大きく、加工精度も劣り、精密加工技術水準の差を示しているように見えた。

展示館内に保存されている二隻の魚雷艇ＰＴ７９６（ヒギンズ七七フィート艇）とＰＴ６１７（エルコ八〇フィート艇）は、ＰＴボート社がそれぞれ一九七〇年と一九七九年に購入したものである。

ＰＴ６１７は一九四五年九月二十一日に、ＰＴ７９６は一九四五年十月二十六日と、いずれも終戦後に完成した艇であるが、就役することなく除籍され、民間に払い下げられていたものを、ＰＴボート社が買い取ったのである。これらを補修して、バトルコープ内に建てた保存館に収納した。

魚雷艇は、木造なので永久保存のために風雨を防ぐべく、空調の行き届いた簡素ながら堅牢な建物内に置かれていた。パッカードエンジンを見たいと希望し、ドナルド氏に案内されＰＴ６１７の艇内を詳しく見て回った。

艇内は、計器室、居室、寝室（士官と兵に別れた）、食堂、調理室　洗面所、便所、エンジンルーム、燃料保管室等の部屋に細かく区画され、各部屋の連絡口は頑丈な鉄製の扉（ハッチ）で仕切られていた。艇が攻撃され破損した時、浸水を防ぎ被害を最小限にするための構造であろう。

駆逐艦「天霧」によって、艇が中央から切断された時、ケネディ中尉らＰＴ１０９の乗員が、浮遊していた破損艇にすがり生命を取りとめ得たのは、この船体構造によって沈没を免れたお陰だと理解することが出来た。

果たして日本の魚雷艇はどうだったのであろうか。

Ｔ－０型試作艇の構造図によると、機能に従って四室に区切られてはいるが、部屋の強度や耐浸水性等に、どの程度の配慮がされているかは不明である。

岩下登氏によれば、日本艇は米艇に較べ小型で仕切り等も充分な配慮がなされていなかったように記憶するとのことであった。ガダルカナル戦初期、米航空隊を震え上がらせた無敵の零戦も、ガソリンタンクの防弾を強化したグラマンの出現によって打ち破られる運命をたどった様に、日本海軍は防御を犠牲にして攻撃力を強化する傾向が強かったことを思うと、魚雷艇の船体構造についても、同じことが考えられるのである。

さて、お目当てのパッカードエンジン三基が並ぶエンジンルームに入り、世紀の船用ガソリンエンジンをしっかりと見ることが出来た。

半世紀以上前に見なれた七一号六型エンジンの記憶は薄れ、両者を比較することは不可能であったが、無駄のない重厚で美しい姿はさすがと感心して見入るのみであった。

一魚雷艇隊員の献身的な努力によって、アメリカ魚雷艇に関する戦闘記録や資料、戦場における隊員の活躍や日常生活を伝える写真、日本海軍兵士の遺品に到る歴史的資料が、極めて良好な状態で保存されていることを、今回の旅で知ることが出来たのは大きい収穫であった。

第二次大戦で活躍した魚雷艇は、新しい時代と共に消滅し、人々の記憶から忘れ去られようとする時、歴史にその存在を留めたニューベリー氏の熱意と努力に心から敬意を表するとともに、国を愛し団結する心の強さは、現在の日本人に比してはるかに偉大であることを知らされた。

あとがき

優れた戦略に支えられて活躍したアメリカ海軍の魚雷艇隊に較べ、日本海軍魚雷艇隊は、米国空軍の制空権の下で活躍する戦機に恵まれず、戦う前に空爆や艦砲射撃により艇を失った。

南海の島々で、陸戦に移行した隊員たちは病と飢餓に倒れた。国土防衛の沖縄部隊が、辛うじて米艦艇に一矢を報いたに過ぎない。

この不振の原因は、既述のごとく用兵部門の間違った戦略決定による魚雷艇開発の遅れ、特に舶用ガソリンエンジンの製造が進捗せず、戦局に対応し得なかったことにあった。

代用の空冷航空エンジンを装備し性能の劣る魚雷艇で、敢然と米軍に立ち向かった兵士たちの行動や闘魂は、いささかも米軍に劣るものでなかった。

明治以降、短期間に世界列強に伍したと信じられていた日本の国力は、資源と物量はもちろん工業力、量産技術、特に精密機械工業において、欧米よりはるかに立ち遅れていたことを、魚雷艇建造の実態からも理解することができる。

戦後、米国から優れた技術を導入し、戦時中の努力とその成果を基礎に、世界一流の工業国に成長し得たことを銘記すべきである。

尊い犠牲の上に廃墟から立ち上がった人々が、現在の日本を造り上げたことを、後世の人々は銘記して欲しいのである。

本書の執筆を終えて痛感することは、

(1) 日米両海軍の問題に対する取り組み方の差が、余りにも大きいことである。荒天下での実戦に耐える高速艇の構造を決定し、その上に兵装の改善や性能向上を進めた米国海軍に較べ、日本は用兵部門と造艦部門の意志の疎通すら満足に行なわれず、魚雷艇の性能に確固とした方針のないまま、建造中止に到った。*

*註：本問題は魚雷艇だけでなく、日本海軍造船技術部門の本質的問題であることを、関西造船協会会誌「らん纜」に寄稿された山本善之氏（東京大学名誉教授）の論文「平賀譲先生を考える」および「航空母艦大鳳の大爆発」より教えられた。航空母艦や巡洋艦の設計に

おいても、設計の基礎になっている思想を伝承することなく、設計基準が作られ、その基準を守れば優れた軍艦が出来るという発想の域を出なかったのが日本海軍の造船部門であったという。

軍艦においてさえこのごとくである。雑艇たる魚雷艇を米国艇と較べること自体、残念ながら無理というべきか。

(2)　多くの若者を犠牲にした第二次大戦は、戦争は資源や工業力を含めた国力を総合した戦いであることを、さらに明確にした。今後この傾向はますます強くなり、日本のように少資源国が、いかに優秀な工業国家になろうとも、侵略戦争をしかけたり起こすべきでないことを肝に銘ずべきである。

本文資料収集中に、畏友宇佐美正雄君、先輩中瀬大一氏および井原高一氏が逝去された。調査が一〇年早ければ、なお存命されていた魚雷艇関係の諸先輩より、多くの資料を集め、より正確な記述が出来たと悔やまれてならない。

本書中の日本魚雷艇の生産台数や艇名に関する資料は、引用文献により相違不一致のところがある。

長年月を経て、それぞれ当事者も記憶の不確かのためやむを得ないことである。特に支障のない限り引用文献を原文のまま採用することにした。

本書執筆に当たり、以下の方々にご援助、ご指導をいただいた。

元自衛隊統合幕僚会議議長・夏川和也氏よりワシントン駐在伊藤一佐とイタリア駐在の伊藤一佐をご紹介戴き、関係図書文献を入手することが出来、また本書出版に際し懇切なご指導いただいた。

畏友飯田庸太郎君より舟艇協会会長・丹羽誠一氏をご紹介をいただき、生産技術協会資料や日本魚雷艇に関する氏の著書を拝受することができた。

須藤卓郎氏（日立製作所時代の畏友）から第二高等学校同級生の伊藤高君五五回忌法要に招かれた縁で、小菅昭一郎氏より三菱川崎機器佐竹工場長の回想記と艦政本部五部発行の七一号六型エンジン取扱説明書写等を送付いただいた。

須藤氏ご紹介の鈴木純一氏（最後の魚雷艇隊員）より「宮雄次郎大佐戦死の詳報」を、中村明氏より魚雷艇関係文献の紹介をいただいた。

畏友鞍掛嘉秀君より紹介された元海軍技術大尉岩下登氏より「今にいきる海軍の日々・海軍短現九期編」と「舞廠造機部の昭和史・鶴桜会」の貴重な図書と共に、魚雷艇建造時の貴重な経験について多くのご教示をいただいた。

今村清男君（三菱重工にて戦後の魚雷艇建造の試運転に関与した）より紹介された防衛庁技術研究本部主任設計官・広郡祐介洋祐氏より魚雷艇関連資料を拝受、船体構造等についてご教示いただいた。

先輩本間敬三氏を通じ船舶協会・戸田孝昭理事より魚雷艇船体建造等に関しご教示いただいた。

畏友中野義明君より関連図書文献と図書出版に関する貴重なアドバイスをいただいた。

社友千葉高士氏（ワシントン在住）の尽力により、元米海軍武官アル・ヘイシング氏を通じて絶版の米魚雷艇参考図書を入手することが出来た。ヘイシング氏よりPTボート社とPTボート博物館の訪問を薦められ、千葉氏の案内でPTボート社を訪問することが出来た。

イタリア在塩谷万沙子女史よりイタリアMAS艇の文献図書をいただいた。

PTボート社ガスリー女史より、米国魚雷艇関係の疑問点についてご教示いただき、関連図書の寄贈と文献の引用許可をいただいた。

右の他、多くの方々から資料や情報を頂戴したが、紙面の都合上割愛させていただいた。

内藤靖之氏にはインプットミスの多い拙文のチェックと訂正に、今村明子氏には英文翻訳についてご苦労をお願いした。

図書出版に関して、双葉電子工業株式会社会長・細谷礼二氏より、取材活動に関して日立機電工業株式会社よりご支援をいただいた。

本書の出版に力を与えていただいたすべての方々に厚く御礼申し上げる次第です。

最後に第二次大戦に生命を捧げられた多くの方々のご冥福を心より祈り上げます。

〈追記〉

本執筆を終えた後、故長野利平氏ご息女植田春生様より、イタリア魚雷艇に関する次のごとき貴重な情報「長野氏の日記抜き書き」をいただいた。

(1) 留学時代のことを記したメモより

ドイツの各都市が英空軍の空襲にさらされ始まる頃、昭和十四年十二月に私は突然、伊太利監督官に任命された。伊国に注文してある高速魚雷艇の海上試験に立ちあって日本に持ち帰れとの命令である。

魚雷艇はジエノアの近傍のバラッエの造船所で艇体を造り、ミラノ市にあるイソタフラスキーニ航空機会社でエンジンを造っていた。それで私はローマ、ミラノ、ジエノアの三角点を行き来した。造兵の監督助手の大崎氏に手伝ってもらった。外注の航空エンジンが調子が悪くて納期が遅れそうなので、イソタの社長に直接面談して特に急いでもらうように頼み込んだ。

社長はドイツ語を話すので都合がよかったが、英国海軍からは多量の注文があるが、日本海軍はたったの一隻では困るといわれた。話術も風采も立派であってよく面倒を見てくれた。

魚雷艇の海上試験はジエノアからニースまでの海岸で施行した。契約最高速度は五〇節で不足の場合はその数値によってペナルティが定めてあった。測定結果では〇・五節未達で、三種類用意した五〇粍小さい直径のもので回転数を上げてみたがまだ少し不足していた。日本に持ち帰る船便の都合もあり、それでOKした。

(2)（メモの様な）日記程度の簡単なもの

高速艇の試験いよいよ始まる。三月三十一日から十一日迄だ。速力概ね計画通りなり。Varazze。

なお、長野氏は一九四〇年六月に帰国された由である。
この長野メモから、本文中の「導入艇はＭＡＳ５０１か？」の推論は正しかったことが、明らかになった。艦本五部でご指導いただいた長野氏に感謝申し上げる。

今村好信

平成十五年一月

文庫版のあとがき

魚雷艇は、日本海軍の艦艇序列では、戦艦や巡洋艦、駆逐艦等の最下位、雑艇の部に位置していました。けれども魚雷艇隊員の皆さんは、非常に高い士気で訓練、戦場に赴きました。日本魚雷艇は、第二次世界大戦におけるアメリカ魚雷艇の目覚ましい戦果に比べ、残念ながらほとんど見るべき戦果をあげることなく終戦を迎えました。

しかし魚雷艇製造によって得られたエンジン製造や電気回路技術などの設計製造技術等は、戦後日本工業の発展に大いに寄与したものと信じています。

小著『日本魚雷艇物語』が再び文庫本として出版される事は、筆者として、望外の喜びであります。

平成二十三年四月

今村好信

付録

日本海軍魚雷艇関係資料

Ⅰ　魚雷艇隊の展開と編成

Ⅱ　各型の要目

Ⅲ　造船所別生産数

Ⅰ　魚雷艇隊の展開と編成

(1) 魚雷艇隊の展開

艇隊	所属	展開地	指揮官	戦闘概要
第１	横	16.6 横須賀防備隊 開戦後 ウエーキ島 タラワ島 18.9　長浦	司令代理・有本中佐	当初T－１型×６　横防 T－１型×３　ウエーキ T－１型×３　タラワ T－１型×１　水雷学校
第２	横	父島　二見 増援隊　波浮 館山	司令・倉崎安雄大尉 指揮官・大木梓大尉	19.6　編成 第一次進出 19.7.24　甲×１　乙×１ 19.9　甲×４　乙×２ 隼×12 20.7.31～8.1　北硫黄島残存兵救出作戦、倉崎司令戦死 館山　甲×４
第３	横	千島進出できず 室蘭　有珠	司令代理・ 宮本久大尉	19.6　千島進出予定なるも曳船なく流氷期室蘭に後退 T－38型、H－38型×14
第11	呉	ラバウル	司令・村上紀文大尉	18.10　ラバウル進出 隼×８
第12 第25	呉 佐	セブ　(12) ダバオ　(25)	司令・丹羽敏夫少佐 （中佐）	セブ、ダバオに展開 セブ　魚雷艇×14 隼艇×11 ダバオ　魚雷艇×７ 隼艇×８ 丹羽司令以下戦死 20.5までに全艇を失う
第21	佐	シンガポール タウンガップ	司令・水谷秀澄少佐	マレー半島、ビルマ、スマトラ等に分散展開 魚雷艇×21
第22	佐	パラオ	司令代理・ 平井明中尉	南東方面艦隊 19.1.1編成 第１艇隊　魚雷艇×５ 第２艇隊　魚雷艇×５

第26	佐	高雄	司令・伊与田鉦市大尉 司令代理・ 浜田健一大尉	T−25型×３が到着したのみで他は海没もしくは未到着
第27	佐	沖縄　運天	司令・白石信治大尉	19.7.15　編成 8.25　運天に進出 T−25型×19　内16隻喪失 T−14型×14　20.3に到着 3.27～29　３度にわたり米艦を攻撃、戦果あり
第31	舞	マニラ、レイテ海戦後アテイナモン	司令・巨勢泰正少佐	第101特別根拠地隊麾下としてマニラに展開、レイテ海戦後アテイナモンへ
第５特攻戦隊	佐	天草海域	司令・宮雄次郎中佐 （戦死　少将）	20.5.13　第５特攻戦隊天草海域にて震洋艇護送中、米機により攻撃、ほとんど全滅

(2)　魚雷艇隊の編成（第27魚雷艇隊の例）

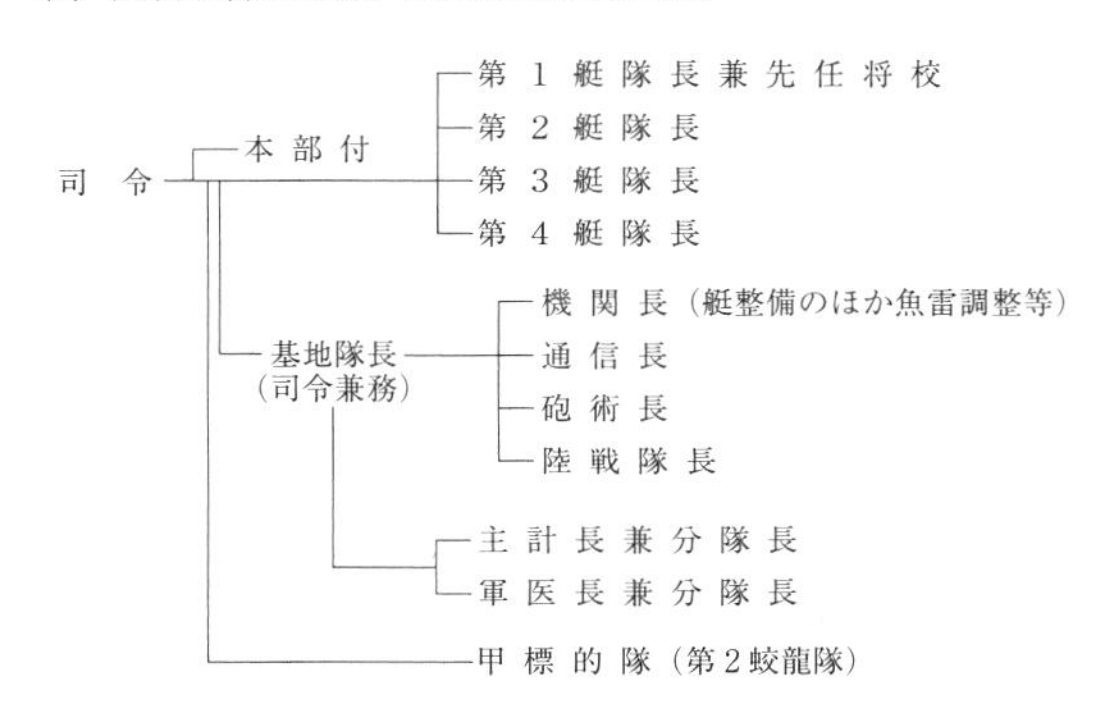

魚雷艇隊の体制は、４駆逐艦が１戦隊を組んだ水雷戦隊の編成と同様、４艇を１艇隊とし数艇隊をもって魚雷艇隊が編成された。この戦闘部隊の機能を発揮するための付属部隊を持った魚雷艇隊が編成された。

速力ノット	主機械型式	主機台数	馬力(S.H.P)	兵装	記事
35	94式水冷航空 900hp	2	1800	7.7㎜機銃×1 45cm魚雷×2	我が国最初の魚雷艇 横浜ヨット1隻建造
38	94式水冷航空 900hp	2	1800	7.7㎜機銃×1 45cm魚雷×2	T－0の改良型 横浜ヨット6隻建造
17	ヒスパノ水冷航空 450hp	1	450		
18	ヒスパノ水冷航空 600hp	1	500		
17	ヒスパノ水冷航空 600hp	1	450	13㎜機銃（または25㎜機銃）×1 45cm魚雷×2	No. 201～207 No. 401～410 No. 451～456
20	ヒスパノ水冷航空 450hp	2	800	同上	No. 208、209～240中のあるもの
21.5	ヒスパノ水冷航空 650hp	2	1000	同上	No. 301～308
21.0	91式水冷航空 600hp	2	900	同上	No. 503、500～505中のあるもの
27.5	ローレン水冷航空 800hp	2	1400	同上	
21.5	寿3型空冷航空	2	860	25㎜機銃×1 45cm魚雷×2	No. 482他
25	明星2型空冷航空	2	1200	同上	No. 327他
25.7	金星41型空冷航空 700hp	2	1400	同上	No. 241～286、457～467、506～528
27.0	震天21型空冷航空	2	1440	同上	No. 474他
33.5	火星41型空冷航空 1050hp	2	2100	20㎜機銃×2 7.7㎜機銃×2 および爆雷	隼No. 2～9 船体特殊型
27	金星41型空冷航空 700hp	2	1400	25㎜機銃×3 爆雷×4	隼No. 10～26、51～100
25	明星2型空冷航空 600hp	2	1200	同上	
33	イソッタ 920hp	2	1840	20㎜機銃×2 爆雷×2	イタリアより購入したMAS型

Ⅱ　各型の要目

計画番号	公称型式	船体材料	竣工年	全長 m	幅 m	深さ m	吃水 m	排水量 トン
T－0	なし	木	1940	19.0	4.3	2.1	1.2（舵部）	18.7
T－1	No. 1 型	木	1941	18.3	4.3	2.1	0.65	20.133
T－21				18.0	4.3	2.0		20
T－22				18.0	4.3	2.0		20
T－23	MTB 201型	鋼または木	1943	18.0	4.3	2.0	0.65	25.44
T－31	MTB No. 208	鋼または木	1943	18.0	4.3	2.0	0.733	24.0
T－32	MTB No. 301	鋼または木	1943	18.0	4.3	2.0	0.737	24.2
T－33		鋼または木	1943	18.0	4.3	2.0	0.737	24.5
T－34		木	1943	18.0	4.3	2.0	0.729	24.0
T－36	MTB No. 411	木	1943	18.0	4.3	2.0	0.728	24.0
T－37		鋼または木	1943	18.0	4.3	2.0	0.740	24.7
T－38	MTB 241	木	1943	18.0	4.3	2.0	0.734	24.3
T－39		木	1943	18.0	4.3	2.0	0.742	24.5
H－2	隼No. 2	鋼	1943	18.0	4.5	2.185	0.930	24.65
H－38	隼No. 10	鋼	1943	18.0	4.3	2.0	0.734	24.80
H－40		鋼	1943	18.0	4.3	2.0	0.734	24.9
H－1	隼No. 1	木	1940	18.0	4.5	2.15	0.818	26

速力ノット	主機械型式	主機台数	馬力(S.H.P)	兵　装	記　事
33	71号6型ガソリン 920hp	1	920	13㎜機銃（または25㎜機銃）×1 45cm魚雷×2	No. 538～555 No. 838～906 No. 1001～1008
35	同上	1	920	同上	
21.5	同上	1	920	同上	
35	同上	2	1840	25㎜機銃×1 45cm魚雷×1	No. 482他
34	同上	2	1840	25㎜機銃×3 爆雷×4	No. 27～32、201、217
29.0	同上	4	3600	25㎜機銃×1 45cm魚雷×4	1隻のみ歯車連結にて2軸とす 1800/900rpm
29.0	同上	4	3600	25㎜機銃×1 45cm魚雷×2または爆雷×8	歯車連結を中止 No. 11～18
17.5	51号2型10型ディーゼル300hp	2	600	25㎜機銃×3 爆雷×4	No. 33～46、101～124、218～245
23.5	63号V18型 1800hp	1	1800		試作艇
39	ソーニクロフト	3	1800	13㎜機銃×2 45㎜魚雷×2	ソーニクロフト製捕獲
33.25	カーマス	3	1350	7.7㎜機銃×1 45cm魚雷×2 爆雷×4	ジャワにて捕獲 No. 100～108、111、119、120があった

——「旧海軍資料」（生産技術50、51号）より作成

（Ⅱ　各型の要目・つづき）

計画番号	公称型式	船体材料	竣工年	全長 m	幅 m	深さ m	吃水 m	排水量 トン
T－14	M. T. B No. 538	木	1944	15.0	3.65	1.6	0.621	14.5
T－15		木	1944	15.2	3.80	1.8	0.636	15.0
T－25	M. T. B No. 468	木	1943	18.0	4.3	2.0	0.65	25.44
T－35	M. T. B	木	1943	18.0	4.3	2.0	0.742	24.5
H－35	No. 27	木	1943	18.0	4.3	2.0	0.742	25.0
T－51A	No. 10	木	1943	32.4	5.0	－	1.109	84.2
T－51B	No. 11～18	木	1943	32.4	5.0	－	1.109	84.2
H－61	隼101	鋼	1944	19.0	4.384	1.914	0.734	25.60
H－63	No. 63	木	1945	22.15	4.65	－	0.928	47.0
No. 114	フィリッピン	木	1939	20	4.0	2.5	1.10	40
No. 100	蘭印	不銹鋼		18.6	3.8	1.15	0.700	19.216

建造隻数						
横廠	呉廠	佐廠	舞廠	横浜ヨット	三菱長崎	合計
				8		8
				6		6
		22	18		36	76
					1	1
11		10			4	25
			9		46	55
13						13
	15					15
10	39	5	5		2	61
6						6
					8	8
		35			4	39
	22					22
19			23		11	53
					2	2
8						8
10	6					16
17	23	2				42
	19	22				41
94	124	96	55	14	114	497

注1　外地工作部（第2、101、102、103工作部）では拿捕艇の整備組立の他に新造艇を建造したが、これは上記には含まない。

注2　建造所名は訓令発布先を示す。建造は民間で行ない兵装の全部または一部を訓令先工廠で施工した艇は、当該工廠の隻数に含む。このうち主たる民間造船所は次のとおり〔全体工事〕横浜ヨット（銚子工場）。〔船殻のみ〕岡本造船、共栄組、長谷川鉄工、松尾重工等。

注3　訓令が発布されたが完成せぬもの、また雑船（雷艇）として完成し魚雷艇籍に編入されなかったものは含まない。

注4　雷艇として完成したものおよび船体が完成したまま放置されたものを含むと約800隻となる。

――「昭和造船史」より作成

Ⅲ　造船所別生産数

類　別	計画番号	艇　質	船　型	主　　機 (hpは固有の馬力)
甲　型	T－51	木鋼交造	丸	71号6型×4
乙　型	T－1	木	V	(900hp) 九四式×2
	T－14	木	ステップ	71号6型×1
	T－15	木		同上
	T－23	木または鋼	V	(600hp) 九一式×1
	T－25	木	V	71号6型×1
	T－31	木または鋼	V	ヒ式450hp×2
	T－32	同上	V	ヒ式650hp×2
	T－33	同上	V	(600hp) 九一式×2
	T－34	木	V	ロ式800hp×2
	T－35	木	V	71号6型×2
	T－36	木	V	寿3型×2
	T－37	木または鋼	V	明星2型×2
	T－38	木	V	金星41型×2
	T－39	木	V	震天21型×2
隼　艇	H－2	鋼	ステップ	火星10型×2
	H－35	鋼	V	71号6型×2
	H－38	鋼	V	金星4型×2
	H－61	鋼	V	51号10型×2
	合　計　隻　数			

主要参考・引用文献＊「アメリカ海兵隊」　野中郁次郎著　中公新書＊「魚雷艇学生」　島尾敏雄著　新潮文庫＊「魚雷艇の二人」　志賀博著　光人社＊「今に生きる海軍の日々」　短現九期会＊「舞鶴造機部の昭和史」　鶴桜会＊「海軍技術戦記」　内藤初穂著　図書出版社＊「海軍記録集」　野村了介編＊「旧海軍資料」　生産技術五〇、五一号　生産技術協会＊「旧海軍震洋・機関関係の研究整備経過」　伊藤勇雄氏述　生産技術協会資料＊「海軍水雷史」　海軍水雷史刊行会＊「海軍造船技術概要」牧野茂、福井静夫編　今日の話題社「長野さんの思いで」　植田春生＊「ゆみはり集」　第二五魚雷艇隊（私本）＊「戦藻録」　宇垣纒著　原書房＊「日本航空学術史」　日本航空学術史編集委員会＊「太平洋戦争」上下巻　児島襄著　中公新書＊「昭和造船史」　日本造船学会編　原書房＊「世界の魚雷艇」　丹羽誠一著　日本舟艇協会＊「日本海軍史」　海軍歴史保存会編　第一法規出版＊「日本水雷戦史」　木俣滋郎著　日本図書出版社＊「戦時船舶史」　駒宮真七郎著＊「揺籃期のふそう川機の回想」　佐竹義則氏の回想記＊「我が内なる駆逐艦」　中野義明著　朝日新聞出版サービス＊「ルンガ沖夜戦」　半藤一利著　ＰＨＰ研究所＊「七一号六型内火機械構造並に取扱説明書」　艦政本部五部＊「造艦技術の全貌」　興洋社＊「空よ、雲よ、波濤よ」　第六期飛行機整備予備学生＊「私の海軍戦記」　井原高一著　（私本）＊"AMERICAN PT BOATS IN WORLD WAR II" Victor Chun, A Schiffer Military Book＊"EARLY ELCO PT BOAT" Bob Ferrel and Al Ross, PT BOAT Museum and libraly＊"MOSQUITO FLEET" Bob Ferrel, PT BOAT Museum and libraly＊"PT BOAT AT WAR" Norman Polmar and Samuel Lorring Morison, MBI Publishing Company＊"THE BATTLE OF THE TORPEDO BOATS" Bryan Cooper, Zebra Book ; Kensington Publishing Corp.＊"U. S. SMALL COMBATANTS" Norman Friedman, Naval Institute Press＊"M. A. S. E MEZZI D'ASSALTO DI SUPERFIDIE ITALIANI" Erminio Bangasco, Unifico Storico Della Marina Militare

単行本　平成十五年三月　光人社刊
文庫本　平成二十三年六月「日本魚雷艇物語」光人社刊
文庫本　令和六年四月改題「日本海軍魚雷艇全史」潮書房光人新社刊

NF文庫

日本海軍魚雷艇全史

二〇二四年四月二十三日　第一刷発行

著　者　今村好信
発行者　赤堀正卓

発行所　株式会社　潮書房光人新社
〒100-8077　東京都千代田区大手町一-七-二
電話／〇三-六二八一-九八九一(代)
印刷・製本　中央精版印刷株式会社
定価はカバーに表示してあります
乱丁・落丁のものはお取りかえ
致します。本文は中性紙を使用

ISBN978-4-7698-3355-0　C0195
http://www.kojinsha.co.jp

NF文庫

刊行のことば

第二次世界大戦の戦火が熄んで五〇年――その間、小社は夥しい数の戦争の記録を渉猟し、発掘し、常に公正なる立場を貫いて書誌とし、大方の絶讃を博して今日に及ぶが、その源は、散華された世代への熱き思い入れであり、同時に、その記録を誌して平和の礎とし、後世に伝えんとするにある。

小社の出版物は、戦記、伝記、文学、エッセイ、写真集、その他、すでに一、〇〇〇点を越え、加えて戦後五〇年になんなんとするを契機として、「光人社NF（ノンフィクション）文庫」を創刊して、読者諸賢の熱烈要望におこたえする次第である。人生のバイブルとして、心弱きときの活性の糧として、散華の世代からの感動の肉声に、あなたもぜひ、耳を傾けて下さい。